# 鄱阳湖流域古代灌溉工程技术研究

王姣　刘颖　虞慧　著

中国水利水电出版社
www.waterpub.com.cn
·北京·

# 内 容 提 要

本书在对鄱阳湖流域古代水利工程详细梳理整编分析的基础上，针对鄱阳湖流域古代常见的原生态自流灌溉工程和河流渠系人工灌溉工程两种灌溉工程，深度挖掘其形成的机理、演变的过程、系统的科学性和合理性、工程的独特性和适应性、管理的合理性和延续性，提炼出所蕴含的设计、建设和管理技术，揭示出对现代生态水利设计、建设、管理的启示，有利于江西省在用古代水利工程科学、经济和历史文化价值的有效开发和利用。本书对进一步深入挖掘古代水利工程的内涵、更好地传承保护水文化具有重要的指导意义。

本书可供从事水利工程研究、古代水文化科研人员阅读，也可供相关专业的高等院校师生和水文化科普工作者参考。

**图书在版编目（CIP）数据**

鄱阳湖流域古代灌溉工程技术研究 / 王姣，刘颖，虞慧著. -- 北京 : 中国水利水电出版社，2023.5
ISBN 978-7-5226-1554-7

Ⅰ. ①鄱… Ⅱ. ①王… ②刘… ③虞… Ⅲ. ①鄱阳湖－流域－灌溉－水利史－古代 Ⅳ. ①S275-092

中国国家版本馆CIP数据核字(2023)第107847号

| | |
|---|---|
| 书　名 | **鄱阳湖流域古代灌溉工程技术研究**<br>POYANG HU LIUYU GUDAI GUANGAI GONGCHENG JISHU YANJIU |
| 作　者 | 王姣　刘颖　虞慧　著 |
| 出版发行 | 中国水利水电出版社<br>(北京市海淀区玉渊潭南路1号D座　100038)<br>网址：www. waterpub. com. cn<br>E - mail：sales@ mwr. gov. cn<br>电话：(010)68545888(营销中心) |
| 经　售 | 北京科水图书销售有限公司<br>电话：(010)68545874、63202643<br>全国各地新华书店和相关出版物销售网点 |
| 排　版 | 中国水利水电出版社微机排版中心 |
| 印　刷 | 河北鑫彩博图印刷有限公司 |
| 规　格 | 170mm×240mm　16开本　8.5印张　118千字 |
| 版　次 | 2023年5月第1版　2023年5月第1次印刷 |
| 印　数 | 0001—1000册 |
| 定　价 | **68.00**元 |

# 前言

水作为基础性的自然资源和物质条件，支撑和影响着人类社会的发展。我国治水历史悠久，兴水利、除水害历来是治国安邦的大事，留下了大量弥足珍贵的古代水利工程，这些古代水利工程打上了当时的政治、文化和生活的烙印。大量的古代水利工程时至今日仍然发挥着灌溉、防洪、排涝等重要作用，是传承古代水利文明的重要纽带。近年来，习近平总书记多次就水利遗产的保护、挖掘和传承文化遗产的时代价值发表重要讲话，我国愈发重视古代水利工程的遗产文化传承，并制定了相关规划和文件，对进一步挖掘和传承古代水利遗产进行统筹规划和指导。因此，进一步凝练和汲取古代水利工程的历史经验和智慧，为现代水利工程寻求新的设计和治理之道，对建立与当前水安全发展形势相适应的治理管理体制具有重大意义。

江西地处鄱阳湖流域，是水利大省。古代先民在管理水利、治理江河、与水旱灾害作斗争上积累了丰富的经验，修建了众多具有代表性的水利工程。今天，江西许多古代水利工程仍然得以保存，且在运行数百年甚至千年后依然发挥着灌溉和防洪等功能，如泰和县槎滩陂水利工程、赣州上堡梯田群落、赣州福寿沟、星子县（今庐山市）紫阳堤、婺源县江湾镇汪口碣等。诸如此类的工程在江西省内还有许多，这些水利工程不仅对当时经济社会发展做出了重要贡献，也形成了独具一格的江西水利科学技术体系。

本书是在“泰和县古代水利工程槎滩陂对现代生态水利建设的启示”（编号 KFJJ201405）、“江西省民国以前水利工程资料整编及挖掘”（编号 ZXKT201509）、《上堡梯田原生态自流灌溉系统研究》（编号 ZXKT201703）以及《江西省古代在用水利工程的保护策略研究》（编号 2016-007）等课题研究成果的基础上，通过实地调查和资料收集，对鄱阳湖流域古代水利工程进行了详细的梳理整编，摸清了鄱阳湖流域在用古代水利工程的分布规律和特点，并通过选取典型的两种灌溉工程进行深度的技术挖掘，深入分析水利工程的形成机理、演变过程、系统科学性等全生命周期的多维度的价值体系，提炼出所蕴含的设计、建设和管理技术，总结出对当今现代生态水利设计、建设、管理的启示，以期能更好地传承古代水利工程所蕴含的科学技术体系，弘扬和发扬江西鄱阳湖流域独特的水文化价值。

本书共分为 5 章：第 1 章介绍古代水利工程研究背景、目的和意义、研究现状和主要研究内容；第 2 章主要介绍鄱阳湖流域古代水利建设的发展演变和江西省各设区（市）的古代水利工程的分布状况和工程特征；第 3 章以原生态自留灌溉工程崇义上堡梯田为主要研究对象，通过与其他梯田进行对比，进一步深入剖析其科学原理和内涵；第 4 章以河流渠系人工灌溉工程槎滩陂为例，深入剖析其科学技术体系，同时以三维模型的形式展示了不同时期水工建筑物的建造方法及工程结构；第 5 章总结了本书的研究成果和结论，进一步梳理了本书的创新点和未来工作的展望。

本书是在作者主持的研究课题成果的基础上整理编写而成的。在项目研究过程中，得到了江西水利科学院的技术指导以及胡强、彭圣军、熊威等同事的帮助，在此向支持和关心本书出版的所有单位和个人表示衷心的感谢，也感谢中国水利水电出版社出版本书付出的辛勤劳动。在本书的编写过程中，参阅了大量有关历史、水利史、水文化史等方面的研究资料，部分内容已在参考文献中列出，但难免有遗漏，在此一并向参考文献的各位作者致谢。

由于时间紧迫、作者水平有限，书中难免存在一些错漏，不当之处敬请读者批评指正。

**作者**

2021 年 12 月

# 目 录

# 第1章

# 绪论

德国作家约阿希姆·拉德卡在《自然与权力：世界环境史》一书中说："在世界上的任何地区都没有可能像在中国那样追踪持续了几千年的悠久而又深远的环境史——至少在农业和水利的历史上。"[1]这让我们不得不思考如今的水利建设方式是否适合这片土地？古人的治水理念能否对今天有所借鉴？在现今的社会环境背景下，能否实现人与自然的"天人合一"？

## 1.1 研究背景

### 1.1.1 古代的"生态"建筑理念

中国是古代文明的发源地之一，也是世界上最早种植水稻的国家。在特定的地理环境下和以农业为主要生产方式的古代，农业是最主要的经济来源，而水利是农业的命脉。故而在中国几千年历史进程中，历代各朝都将兴水利、除水害作为头等国事，兴建了各类水利工程，留下了大量具有重要科学价值的水利遗产[2]，如四川都江堰、福建木兰陂、陕西郑国渠、安徽安丰塘、广西灵渠，以及世界上开凿最早、规模最大的京杭大运河等。

在长期的水利工程实践中，古代的水利学家们依据不同的生态环境、社会发展的条件，实践“开物成务”❶和“兴利除害”❷的思想，积累了丰富的水利工程建设和管理经验，建设了众多蔚为大观的水利工程，这些古代水利工程的建筑形式、施工技术与管理理念都值得我们进行深入的研究、多层面地认识，并将其应用于当代水利工程建设和管理事业中，实现人与自然和谐共处。

### 1.1.2 鄱阳湖流域古代水利工程建设

清乾隆年间，曾任江西巡抚的陈宏谋说：“江西一省所属郡县，非滨江带湖，即环山通岭，近湖之地势与水平，民间筑有圩堤闸坝以资捍卫，地以内之民庐舍烟火万家，每遇水发，全仗圩堤闸坝，周围坚固，始保无虞。又苦灌溉之无资，惟有修砌陂塘堰圳，水至可资防御，水少可资灌溉，江西水利大段不外此二者，而年岁之丰欠，亦即关系于此二者矣”。❸可见，江西复杂的地理环境和丰富的水资源，决定了无论是平原、丘陵、山区，还是沿江湖地带，水利建设对于灌溉与灾害防患均起着至关重要的作用，也是江西地区自古以来的重要粮食生产基地。

江西省是水利大省，江西省 94% 的面积属于鄱阳湖流域，鄱阳湖水系流域面积为 16.22 万 $km^2$，赣江、抚河、信江、饶河、修河五大河均汇入鄱阳湖，湖水经湖口注入长江，形成较为完整的鄱阳湖水系。境内大、小河流 2400 余条，总长约为 18400km，水资源丰

---

❶《易传·系辞上》。

❷（战国）《墨子·兼爱下》。

❸（清）贺长龄主持、魏源代为编辑，《皇清经世文编》卷三十八，《户政十三·农政（下）》。

富[3-4]。古代先民在管理水利、治理江河、与水旱灾害作斗争上积累了丰富的经验，修建了众多具有代表性的古代水利工程。今天，许多古代水利工程仍然得以保存，且在运行数百年甚至千年后依然发挥着灌溉和防洪等功能，如：始建于唐代的江西省第一个世界灌溉工程遗产——泰和县槎滩陂水利工程[5]，历经千余年现仍可灌溉两县四镇近5万亩良田，其因地制宜的工程规划、系统完善的工程体系及科学有效的管理制度，保证了农业灌溉等综合效益的持续发挥；始建于先秦、完工于清初的“最大的客家梯田”——赣州上堡梯田群落[6]，至今已达数万亩，被誉为“中国三大梯田奇观之‘秀丽天梯’”；修建于北宋时期的地下古代城市排水系统——赣州福寿沟[7]，经历了900多年的风雨，至今仍完好畅通，并继续作为赣州居民日常排放污水的主要通道；始建于北宋元祐年间的“鄱阳湖畔船只的避风港”——星子县（今庐山市）紫阳堤[8]，坐落在县城以南鄱阳湖滨，自西向东，由紫阳堤、紫阳桥和田公堤连为一整体，为鄱阳湖沿岸独有的古代船坞堤坝公益建筑；清雍正年间著名学者江永设计的江湾镇汪口碣[9]，堰体呈曲尺形，故又称曲尺堰，该堰坝在不设闸门的情况下，同时解决了蓄水、通舟、缓水势及鱼类洄游的矛盾，是中国水利建设史上的杰作，经历200多年如今依然完好无损。诸如此类的工程在江西省内还有许多，这些水利工程不仅对当时经济社会发展做出了重要贡献，也形成了独具一格的水利科学技术体系。

### 1.1.3 古代水利科学与智慧的传承

几千年来，古人积累了丰富的水利工程建设和管理经验，产生了许多伟大的水利工程思想，形成了特定的水利工程观，这些水利工程观指导了水利工程实践，又在实践中校正自己，思想观念与实践相互作用，成就了先进科学的治水方略与建造技术，它们不仅在中华文明史中占据重要地位，也在世界水利史上长时间地占据领先地位[10]。深入分析古人先进的治水理论、管理方式，研究如何将其与现代生态文明发展思想共同结合，对于当代水利工程建设和管理十分必要。

## 1.2 研究目的和意义

### 1.2.1 研究目的

古代中国开展大规模治水至今已有4000多年历史，为后人留下了丰富的水利遗产，无论是建筑风格迥异的水利工程建筑形式，还是具有生态价值的工程结构和水工构件，或是珍贵的治水文献和档案，都是世界上任何国家不可比拟的[12]。今后，社会更需要有先进的水利工程提供水安全保障，这也意味着，未来水利科学也将面临新的突破和发展。通过对鄱阳湖流域的古代灌溉水利工程进行研究，可以使我们进一步多层次、多维度深度剖析，解析其和谐理念。

任何一门学科的研究都不是孤立的，对于古代水利工程的相关研究也不仅是古代水利工程的本身。我们应从古人几千年的治水经验中探寻其内在的底蕴和规律，寻找其对现代生态水利建设的可借鉴、可弘扬、可继承之精华，食古壮今，重新认识和顺应自然水文之“理”，探索更多、更恰当的水利方略和工程方法，以解决现代水利建设存在的弊端，促进水利工程建筑、自然及人之间的和谐统一。

### 1.2.2 研究意义

为进一步全面研究中国传统水利的工程价值，传承古代治水理念，必须以发展的眼光和现代科学知识来继承治水哲学的精髓。只有将传统优秀治水思想的工程理念、生态价值理念和现代科学知识进行结合，重新发掘传统水利工程的现代价值，才能将其作为新时期的中国典型生态水利工程模式屹立于现代世界文明之中。

（1）为水利学科的发展提供理论体系框架。中国水利建筑历史悠久，但相关理论的研究却起步较晚，当代西方现代水利学科的各种理论、思想影响中国，导致水利建筑趋同，许多工程并未充分因地制宜。挖掘和总结这些在用古代水利工程文献的理论，培育水利建筑理论体系框架迫在眉睫，尤其是具有江西地方特色的理论体系框架十分必要。

（2）为可持续发展的科学治水理念提供科学支持。古代水利工程是人类历史发展的产物，也是人类文明成就的实物见证，体现了历史各个阶段发展的基本情况，反映了不同时期、不同区域水利建设状况及其与政治、经济、社会之间的联系[11]。在用古代水利工程在适应当地气候，维护生态平衡，体现水利工程与人、自然和社会和谐关系等方面均有可借鉴之处。这些工程的设计理念、建造方式及管理体系是古代先人经过几千年的实践、思考、积累、沉淀，又经历时间的洗礼，经受各种自然灾害、气候变迁等检验凝结而成的瑰宝。研究、整理、探讨并在现实中予以借鉴、使用，不断推陈出新，提炼和改造传统技术，逐步完善，形成合理的、具有生命力的当代水利技术体系是十分必要的。

（3）为解决现代水利工程建设的危机指明方向。近代科技工业文明在赋予人类强大能力的同时，也带来了强大的破坏效应。在经济利益的驱动下，现代水利工程的流行风格在蔓延，轻视地区的自然气候和建立在地区资源基础上的有效适宜的传统技术，建筑与自然之间维系了几千年的朴素关系被截然撕裂，水利工程领域技术至上的观念加剧了地区资源的浪费和能源与生态危机。因此，我们要反思，要重新探讨源于中华文化先贤等创建的中华文化经典《易经》的“和谐”理念，重新认识对中国几千年文化产生深远影响的人与人、人与自然、人与社会和谐共处理念的重要性，进而把这种理念贯穿应用到现代水利工程设计、施工与管理工作当中，这对于繁荣和创新现代水利工程建设具有重要的现实意义。

## 1.3 研究现状

### 1.3.1 古代水利工程研究

我国是农业国家，自古以来就非常重视水利工程建设，“水利灌溉、河防疏泛”也是每个朝代最重要的任务，因此留下了许多古代水利工程[12]。近年来，随着一批古代水利工程陆续列入“世界灌溉工程遗产”“世界文化遗产”“世界自然遗产”等世界遗产名录，国内越来越多的学者将研究方向转向了古代水利工程。由北魏人郦道元所著的《水经注》大约成书于1500年前，是我国古代第一部全面的地理巨著，为研究我国古代水文与地理提供了十分珍贵的史料。张宇辉[13]通过研究《水经注》中所记录的山西古代水利工程，了解到6世纪前山西早期水利工程的踪迹，主要有智伯古渠、平城（今大同）环境水利工程、穿渠引汾（引黄）灌溉工程以及盐池水利防洪工程等，同时对这些古代水利工程的建设背景、建造过程及取得的效益进行了阐述。龙仕平[14]通过对水部文字的考察，初步梳理了我国古代水利之兴替，“洪、滔、浩、沆、汜、滥、溃、滂、溥”等代表性的水部文字反映了古人对洪水浩大的描述，“沟、渎、渠、洐、注、渫、湝、滥、治、漕”等水部文字解说了古代水利工程的类别，“渗、溃、淳、汜、澌、汔、涸、消、潐、渴”等水部文字反映了古代先民管理水利、治理水害及其成就。邬婷[15]对民国时期陕西农田水利进行了研究，一方面介绍了古代陕西农田水利发展概况，对其从先秦到晚清的主要工程进行了简单的梳理；另一方面详细分析了民国时期陕西农田水利快速发展的社会背景。沈德富[16]在对清代贵州水利资料收集整理的基础上，从自然和社会历史背景两个方面分析了清代贵州水利发展的条件，同时分别从清前期、中期、后期进行阶段性的探讨，相对完整地阐述了清代贵州水利发展历史。岳云霄[17]聚焦清至民国期间宁夏平原的水利开发与环境变迁，通过文献考证、图形表达等方法对该时期水利开发的阶段性特征、影响水利事业发展演变的各种背景因素、水利管理体系进行研究，揭示了水利开发与区域环境、社会、政治等的互动过程，进一步丰富了区域史、水利史以及环境史的研究，为区域社会的发展提供了借鉴。郭超[18]梳理了从原始社会时期、春秋战国时期、两汉时期，一直到明清时期古代河南省驻马店地区的水利工程建设情况，通过对驻马店历史上的水利工程的考察，指出农业生产的发展与水利有着密切的关系，而农业的盛衰又与驻马店在全国的地位有着直接的关系。

陂塘是古人通过人工修筑滞蓄水源并综合利用、服务于人类生活区的重要水利工程，为众多古代城市构建了融山合水、诗情画意的风景体系。王晞月[19]梳理了从上古时期到明清时期我国陂塘营建的历史阶段及发展特征，探究了陂塘在我国国土范围内的分布特征及陂塘系统空间的结构范式、组成单元和空间类型。在此基础上，剖析了古代陂塘系统与城市之间密切的支撑关系，以及因支撑关系而形成的空间关系和结构范式。针对古代陂塘正日渐湮废现状，李孝聪等[20]分别从人口快速增长、不合理地开发山区、地方政府管理不善、管理经费不足等方面揭示了我国古代陂塘水利工程湮废的原因。福建省莆田市木兰陂是我国现存最完整的古代大型水利工程之一，林文忠[21]通过介绍木兰陂工程概况和分析工程现状，探讨在用古代水利工程在保护与利用中存在的问题，并提出一些相应建议，为更好地发挥木兰陂水利工程经济效益和社会效益提供参考。陈彬[22]以木兰陂为例，针对古代水利工程的现状与保护情况，提出了创新开拓生态经济体系、政府加大重视、加强宣传力度、加强专业人才队伍建设、完善电子地图等古代水利工程保护措施。安徽省淮南市安丰塘是我国古代著名的四大水利工程之一，它具有自然遗产与文化遗产双重特性。谢三桃等[23]针对安丰塘现状存在的水源水系不畅、灌区功能退化、生态环境乱象及遗产保护欠缺等问题，开展安丰塘遗产水利专项规划，从水源保护与修复、灌区恢复与发展、遗产传承与拓展及工程维护与管理等方面，提出了有针对性的保护与利用策略。吴志标[24]以浙江省丽水市通济堰为例，论述了古代水利工程的保护和利用思想。

对于国外古代水利工程，主要集中在古代埃及的水利灌溉领域。谢振玲[25]通过研究尼罗河水利发展史后认为，尼罗河流域水利灌溉的发展，催生了古代埃及文明。学者 Butzer[26]主要分析了古代埃及历史上各朝代灌溉、农业和各地人口的增长情况以及它们相互之间的关系，Bard[27]也从多方面阐述了古代埃及的灌溉产业发展历程。黄明辉[28]、李玉香[29]叙述了古代埃及在不同时期水利灌溉取得的显著成就，认为古埃及水利灌溉的发展一定程度上促进了古代埃及文明的产生与发展。

### 1.3.2 古代水利工程相关技术研究

目前对古代水利工程相关技术的研究做了不少工作，也出版了一批具体反映水利科技发展脉络的专业性著作。《中国水利史稿》一书以时间脉络为线索，分别从农田水利技术、河运漕运技术与防洪减灾技术等三种不同的技术类型对中国传统水利发展史进行了详细的论述[30-32]。由周魁一编著的《中国科学技术史：水利卷》从科学技术史的角度出发，采用以水利基础科学为经、以传统技术为纬的写作结构，对中国传统水利技术进行了全面而深入的研究[33]。与它同类型的研究成果还有熊达成、郭涛编著的《中国水利科学技术史概论》[34]和周魁一、谭徐明编撰的《中华文化通志 第七典 科学技术：水利与交通志》[35]等。袁波[36]从科学技术与社会发展之间的关系出发，将水利技术的发展过程与中国古代相应年代的社会背景相联系，通过分析、综合水利技术发展过程与社会相互关系，得出中国古代水利技术的三个主要基本特征：经验性、多样性、大一统性；同时分别从中国古代水利技术与“大一统”政权、水利技术与“农耕文明”、水利技术与传统文化三个方面分析了传统水利技术与社会政治、经济、文化之间的相互联系与相互影响。王双怀[37]从坝址选择、坝型选择、筑坝方法、堤坝修复等方面对古代灌溉工程的营造方式进行了研究。张芳[38]梳理和分析了古代水利工程灌溉方法和灌溉技术，包括地面灌溉（如畦灌、沟灌和淹灌等）、地下灌溉（如地下陶水管道、瓦瓮渗灌等）和山丘区灌溉技术（节水灌溉、防冲防淤技术）。

水利工程能否持续发挥其功能及经济社会效益，工程管理过程是重要环节之一。古代水利工程的管理，一般通过建立相关的管理制度、管理法规，组建管理队伍等方式来实现。常全旺[39]在论述豫西地区水利纠纷的基础上，针对古代豫西地区的用水制度和用水规程进行了分析研究。对于水利纠纷与民间水渠管理技术，董晓萍[40]通过分析古代水利碑刻与民间水渠管理技术、民间水渠供水制度、民间水渠的技术管理与社会管理以及民间水渠灌溉水费收缴等进行了研究。郭华[41]依次对隋唐时期、宋元时期、明清时期等历史时期的关中地区用水制度进行了研究，总结了历史时期关中地区用水制度形成原因及特点。陈方舟等[42]通过研究通济堰灌区的水利管理体系，揭示了官民合作的管理模式，“官”与“民”互动互补的方式是保证通济堰灌溉工程有效运行的重要力量。古代与水利工程相关的法规也制定了不少，时德青等[43]从法的管理范围和法的管理对象等方面对中国古代水利法规进行了梳理研究；张博[44]选取了《疏决利害八条》《农田利害条约》《水利书》等北宋有代表性的水利法规，对北宋时期的农田水利法规进行了研究，得出北宋统治者重视水利立法、水利执法，形成了完备的农田水利工程监督运行机制的结论；周魁一[45]和程茂森[46]分别对我国古代水利法规和古代引泾灌溉水利法规进行了探究。此外，古人对灌溉沟渠的管理专门设立“沟长”“渠长”“渠甲”“水首”等管理人员。在《新唐书·百官志》中有“京畿有渠长、斗门长”的记载。万金红[47]从渠长的选举方式、渠长的水利职责（如渠道日常维护、灌溉水量的分配、处理用水纠纷等）等方面对古代基层灌溉水利管理与渠长的关系进行了研究。今天我国设立的“河长”“湖长”等管理人员即借鉴了古人的经验。

目前在用且知名度比较高的古代水利工程，如都江堰、灵渠、京杭大运河、坎儿井等[48-50]，学者对它们的建造、管理等技术也做了大量的研究工作。

坐落于成都岷江上的都江堰，是年代最久、无坝引水规模较大的古代水利工程，凝聚着中国古代劳动人民勤劳与智慧。金永堂[51]等对都江堰的自然概况、渠首工程布局和泥沙防治以及河工技术等方面进行了较为详细的概括，并做了水工模型试验研究，对都江堰的水流、排沙情况作了较为深入的解释。《都江堰史研究》[52]从科技史的角度对都江堰的科学性进行讨论，并对都江堰渠首结构布置的历史堰坝进行了考证。曾威等[53]对都江堰的修建和发展史进行了梳理，并对其整体概况、科学的运行方式以及人与自然和谐的现代理念进行了研究，分析了都江堰的技术特点。赵浩等[54]通过对都江堰水利工程设计理念进行分析，提出现代城市景观设计中存在的问题，指出现代景观设计中值得向都江堰学习借鉴之处。刘宁[55]从“官堰”“民堰”“岁修”“闸坝与河道管理”方面分析了都江堰因地制宜、与时俱进的工程管理体系，为当代水利工程的科学管理提供了参考。

位于广西壮族自治区的灵渠，是世界上最古老的运河之一，有着“世界古代水利建筑明珠”的美誉。魏璟[56]对灵渠枢纽工程规划作了较为详细的论述，从灵渠工程的地形条件、地质条件等方面论述枢纽总体布置的科学性，并就坝型的选择、断面结构型式、坝体及防渗措施、坝体的稳定性以及铧嘴结构型式、功能等各方面进行了研究。向黎[57]从灵渠调水功能的角度进行研究，对灵渠、海洋河水文概况进行了论述。汤全明等[58-59]从水力学的角度对灵渠枢纽大、小天平泄流能力及水流状况进行了试验研究。刁树广[60]通过对灵渠原有构筑物的组成和枢纽布置情况，以及一些特殊部位的材料选用和施工方法进行了分析，以探索灵渠的这一古代水利工程建造技术。

坎儿井是新疆古代与当代人民的储水、灌溉工具，是新疆等干旱地区不可缺少的灌溉系统，为当地农牧业等行业的发展做出了巨大的贡献。杨贝贝等[61-62]通过实地调查、现场测量和访谈，研究了坎儿井的形成因素，将古老的坎儿井建设经验与当代几何学、测量学相结合，提出了古代坎儿井的暗渠坡度的几何原理与测量方法，并得到如下结论：①利用口诀寻找水源，开挖坎儿井；②高差测量采用与现代水准仪原理相同的古代传统测量方法：水容器法和等边三角形法；③坎儿井在暗渠施工中采用了相似三角形原理。

浙江省宁波市鄞州它山堰是我国杰出的古代水利工程，至今有千年历史，但风貌依然、堰身稳固，屹立于鄞江一线，发挥着阻咸蓄淡、分洪排涝等功能，是鄞江排洪工程的核心，并于 2015 年被列入世界灌溉工程遗产名录。郭承等[63]通过水工物理模型结合当前区域防洪整治需求，研究工程区各泄水建筑物的水力特性，分析不同水力条件下汉口分洪效果，填补了它山堰在水力学研究上的空白。王一鸣等[64]通过收集与它山堰相关的资料和大量数据，进一步对它山堰的堰体结构进行了分析研究。

### 1.3.3 江西古代水利工程研究

目前针对江西古代水利工程的研究，主要集中在工程的保护、开发以及相关水文化的探究上。李敏婷[65]对槎滩陂水利工程的保护和开发利用进行了相关研究，呼吁大家要加大对历史文化遗产的保护力度。廖艳彬等[66]在对槎滩陂水利文化遗产价值分析的基础上，提出了保护与开发利用槎滩陂的一些具体措施。黄细嘉等[67]在分析槎滩陂的水利工程科学价值、农耕经济价值、历史文化价值、遗产价值等多维价值的基础上，也针对槎滩陂水利工程遗产的保护与利用提出了建议。对槎滩陂的千年历史的相关研究，邱云[68]进行了资料收集和整理。针对赣州的福寿沟，张昊翔[69]在挖掘福寿沟的历史、社会、科学和人文价值的基础上，提出了福寿沟的旅游开发思想和理念。刘毅[70]开展了福寿沟的保护及利用规划研究工作。对于抚州历史上运行时间最长、影响也最为深远的古代水利工程——千金陂，目前也只有胡振鹏[71]对其进行了研究，研究的主要内容为千金陂的历史建造、修复过程以及千金陂的历史启发。而对于“全球重要农业文化遗产”和“世界灌溉工程遗产”的江西省崇义县的上堡梯田，当前人们对其研究也集中在梯田景观打造与旅游开发方面。黄国勤[72]对上堡梯田的特征（多样性、独特性、季节性等）、价值（经济价值、生态价值、文化价值、旅游价值等）进行了分析研究，提出了对梯田保护的措施。陈玮[73]通过收集资料、现场踏勘、讨论分析等方法，采用生态水利理论、景观生态理论等，深入挖掘崇义自然与人文特色资源，探索以梯田为主题的水利风景区规划。陈桃金等[6]从客家梯田规模、结构及农耕技术等方面对崇义上堡梯田的起源与演变进行了研究。马艳芹等[74]围绕崇义上堡梯田的建造、管理、耕作模式、耕作工具及水稻种植技术等方面，对崇义上堡梯田的传统农耕知识与技术进行了考察，获得了翔实的图文资料。

当前，针对江西古代水利工程规划、设计、建设和管理技术等相关技术方面的研究屈指可数。目前只有胡振鹏等[75]、何太轩[76]从槎滩陂的选址建造、修缮维护及日常管理等方面分析了槎滩陂千年久盛不衰的原因。廖艳彬[77]、孙捷等[78]对槎滩陂管理模式的变迁进行了研究。沈雪婧[79]对福寿沟的设计理念，以及与其构成防洪网的城墙、水窗、水塘的研究，为现代城市规划建设提供了启示。韩振飞[80]对福寿沟的营造形式进行了研究。

江西省古代水利工程众多，近几十年来，随着现代水利工程的兴起，江西省内许多古代水利工程遭到遗弃、破坏或取代，小部分沿用的古代水利工程与水利遗产也一直面临着各种来自自然和人为方面的威胁。因此有必要针对江西省古代水利工程开展相关研究，这不仅是为了弘扬水文化，保护历史文物，而且也为我们更有效地挖掘古代水利工程建设理念及治水理念，为当今江西水生态文明建设及生态水利工程建设提供了理论和技术参考。特别是泰和县槎滩陂和崇义县上堡梯田这两大典型古代水利工程，至今还发挥着灌溉作用，其分别代表筑坝拦河渠引灌溉技术和山坡丘陵地区修建梯田自流灌溉技术，也值得当代水利人去研究，为现代生态可持续水利工程的建设提供启示。

## 1.4 主要研究内容

本书以建设现代生态水利工程为目的，依托江西省厅局级科研课题及工程项目，在水利工程设计、建设和管理方面，通过实地调研、数理统计、室内外试验、对比分析、三维模拟等方法和手段，围绕古代水利工程的发展演变、分布和特点，对典型原生态自流灌溉工程和河流渠系人工灌溉工程的设计、建设、管理技术及对现代生态水利工程的启示等内容展开研究。

（1）江西省古代水利工程特点研究。在古籍文献查阅基础上，梳理江西省古代水利工程历史脉络，统计江西省古代水利工程的类型、数量及分布区域，总结江西省古代水利工程特点。

（2）原生态自流灌溉工程技术研究。在调研江西省原生态自流灌溉工程技术基础上，以原生态自流灌溉工程技术典型工程代表上堡梯田为例，围绕梯田起源与演变、梯田传统农耕体系、梯田自流灌溉系统等方面展开研究，并重点从工程技术角度，通过室内外试验分析区域内土壤涵养水分功能，对比分析与其他省份古梯田在灌溉系统、土壤涵养水源功能及梯田管理等方面的异同，以此解析原生态自流灌溉工程技术蕴含的设计、建设和管理技术。

（3）河流渠系人工灌溉工程技术研究。在申报世界灌溉遗产现场调研基础上，选取河流渠系人工灌溉工程典型工程泰和县槎滩陂，围绕工程布置、工程结构及运行管理机制展开研究，并采用 AutoCAD、3DMax 等软件对该工程进行三维构建，清晰展示该工程在不同时期水工建筑物的特点和结构，以此解析河流渠系人工灌溉工程技术蕴含的设计、建设和管理技术。

（4）现代生态水利工程建设启示研究。围绕江西省古代水利工程的两个典型代表研究内容，从工程设计、建设、管理角度总结提出江西省在用古代水利工程灌溉系统对当代现代生态水利工程设计、建设、管理的启示。

# 第2章 鄱阳湖流域古代水利工程分布及特性研究

古人与自然环境关系思想的特色在于尊重自然、敬畏自然，承认自然环境的限制作用，强调在此前提下主动地适应自然环境，从以人为本的出发点去保护自然环境，追求人与自然环境的和谐[81]。在历史长河中，古代水利工程曾在区域发展中扮演过重要角色，在促进经济发展、社会进步中发挥了重要作用。它们全面、完整地展现了不同时期、不同区域的水利建设状况及其与政治、经济、社会、文化、环境和生态等的关系，充分体现了先人的伟大智慧和创造精神。

江西境内雨量充沛、水系发达，河流众多，江西省94%的面积属于鄱阳湖流域。鄱阳湖水系流域面积为16.22万$km^2$，约占长江流域面积的9%，其中15.67万$km^2$在江西境内，占鄱阳湖流域面积的96.6%。鄱阳湖水系是鄱阳湖为汇集中心，辐聚赣江、抚河、信江、饶河、修水五大河（简称五河）及清丰山溪、西河、博阳河、漳田河、潼津河等来水，经调蓄后由湖口注入长江。鄱阳湖水系年均径流量为1525亿$m^3$，约占长江流域年均径流量的16.3%。

河湖水系发挥其灌溉之利，航运交通之便，调蓄洪水之益，养育了一代又一代江西先民，本章对鄱阳湖流域古代水利工程的历史演变，工程的种类、数量、分布区域等基本情况进行梳理，全面总结了鄱阳湖流域古代水利工程的风格及特点。

## 2.1 鄱阳湖流域古代水利建设的发展演变

自人类开始农业活动之时起，水利便成为人类生产、生活不可缺少的基础设施。水利发展的状况直接决定着人口数量、耕地面积与粮食产量，反之，人口数量、粮食产量与耕地面积亦能在一定程度上反映当时水利发展情况。

1. 秦汉以前时期

据考古学家的研究，在新石器时代早期的万年县吊桶环遗址中发现的栽培稻植硅石，据碳十四测定年代在公元前一万年以前，是现今所知世界上年代最早的栽培稻遗存之一[82]。新石器时代晚期，原始稻作农业逐渐发展，水稻种植面积逐渐扩大，在修水山背遗址、樊城堆遗址、永丰县马家坪遗址等遗址中都发现了稻谷、稻秆。说明在四五千年前，江西的水稻种植业已普遍开展，范围不断扩大。春秋战国时期，随着铁器的广泛使用，开垦土地变得更为轻松，劳动生产率不断提高，大面积的荒地逐步被开垦，粮食产量也越来越高，江西逐渐演变成为重要的粮食产出地。新干县战国粮仓遗址，是这一时期江西经济发展状况的体现。

秦汉以前，原始人各方面都处于摸索阶段，不断地与大自然做着顽强的斗争，水带来的更多是灾害。起初人类多数是在被动地抵御洪灾，主张通过修筑水利工程以避免或减轻水灾所造成的损失，其排泄积水、疏通沟渠、修筑堤坝、加固水库之法，至今仍不失为可靠的积极措施。这种防洪的基本思想大约可以追溯到春秋时期，人们逐渐积累了丰富的防灾治水经验，并形成了一些防御洪水的思想理论，之后才有了真正水利。战国时期的思想家们对防灾也有自己的看法。成书于战国时期的《管子》一书中就表达了明确的防灾思想[83]。

2. 秦汉至六朝时期

自秦汉至六朝时期，江西人口经历了许多变化，但大多与当时的政治环境和社会生产密切相关。据统计[84]，公元2—140年，豫章郡人口增加了131.7万，是公元2年的3.74倍。江西地区在100年间人口成倍增长，说明汉朝时期江西地区的农业已呈现良好的发展势头。六朝时期，因经历了长年战乱，江西人口大量衰减，但由于南朝宋统治者实行利于社会发展的统治政策，江西处于相对安定的环境之中，生产得到恢复和发展，人口逐步恢复。据《隋书·食货志》载："其仓，京都有龙首仓，即石头津仓、台城内仓、南塘仓、常平仓、东西太仓、东官仓，所贮总不过五十余万……在外有豫章仓、钓矶仓、钱塘仓、并是大贮备之处。"全国在京城外的粮仓有三个，有两个就在江西境内，可见当时江西地区粮食是很多的。自此江西经济初兴。

秦汉时期是水灾的高发期，作为大一统的皇朝，此时人们已经非常重视水利，并设有专门负责水利建设的官职。秦汉在继承先秦时期救灾措施的基础上，各种防洪治水思想也相应地有所发展，尤其是灾前预防是秦汉救灾中的突出举措之一，邓拓先生称之为积极预防论。这一时期的积极预防主要分为两种：一是改良社会条件，有重农、仓储等措施；二是改良自然条件，兴建水利等措施。秦汉的防洪思想对后世产生了深远的影响，如桓谭"以工代赈"的思想就为后代所传承并发扬光大[85]。东汉永平年间（公元58—75年）中豫章太守张躬于南昌城南筑南塘，周广五里❶，此为鄱阳湖区水利设施见于文献记载之始。这也是汉代"分洪"主张在实践中的应用。此后直至六朝无较大发展，至310年（西晋永嘉四年）罗子鲁又于今分宜县昌山峡筑堰建破，

❶（南宋）舆地纪胜：卷二六隆兴府。

“灌田四百余顷”[86]，促进当地农业发展的同时，“河陂”的修建也客观上起到了滞洪的作用。

3. 唐—宋时期

唐朝时期，彭蠡湖扩张影响到湖泊蓄洪、泄洪功能，连带注入彭蠡湖的赣水、余水、鄱水水位被抬高，水灾相对频繁。因当时封建王朝提倡防洪机制，故防洪水利建设有了较大发展。如，808年（元和三年），江西观察使韦丹在江南西道任职期间，在南昌东湖“筑堤五尺，长十二里，堤成”；809年（元和四年），刺史李将顺开凿李渠，灌田逾万亩；829年（大和三年），刺史韦珩在江州城东筑秋水堤，避免水患。唐中期以来，随着鄱阳湖区农业开发逐渐广泛、深入，日益成为封建王朝的财富重心之一，朝廷更加重视本区的水利建设。

五代、两宋时期，随着全国经济重心由黄河流域移向江南，本区开发更盛。宋代的水利建设以浚塘、堤防工程为主。宋朝时的大型堤坝已使用了石堤，并以粥、灰泥缝，辅以闸门控水。如北宋前期洪州知州程师孟率众在唐代章江（赣江）大堤（已溃坏）基础上修筑石堤，并“浚章沟，揭北闸，以节水升降，后无水患”。1056—1063年（北宋嘉祐年间）赣州代知州孔宗翰伐石为址，冶铁锢之，这种以石和铁为材料修筑护岸堤的建筑技术已经相当先进，堤岸也十分坚固。1086—1094年（元祐年间），星子县（今庐山市）在城西南修筑防浪堤，设木栅为障，以泊船避风；1102—1106年（崇宁年间）将木栅改为石堤（称南康星湾石堤，宋时称紫阳堤），计长115丈。此外，具有灌溉、分洪、引用等多种功能的宜春水渠，经多次精心浚治整修，从995年（北宋至道元年）至1227年（南宋宝庆三年）的230年间一直在为人们所用。1091年（元祐六年）张商英为江西转运使时，曾对抚河进行疏凿，以通运道，因水势荡沙，不时又壅塞。

另外，宋朝江西广开梯田，土地耕种面积再一次大量增加。1173年（乾道九年），范成大在去广西的途中，游至宜春仰山，记有：“闻仰山之胜久矣，去城虽远，今日特往游之。二十五里先至孚忠庙……

出庙三十里至仰山，缘山腹乔松之磴甚危。岭阪上皆禾田，层层而上至顶，名梯田。”[87] 可见宋代江西梯田数量之多，满山尽是层级而上的梯田。梯田增多，粮食产量随之增加。

4. 元—清时期

元代初期，江西水利与农业仍有所发展，但元末陈友谅与朱元璋在江西境内反复交战，水利失修，经济下滑，人口下降。

明代，为了增加粮食生产，大量开垦荒地湖滩，实行军事屯田。洪武、永乐年间朝廷多次下令兴修水利。1575 年（万历三年），九江长江北岸筑堤堵小池口，改变了几千年来江流九派的历史，导致长江和鄱阳湖的洪水位提高，迫使沿江滨湖围垦的湖滩洲地必须筑堤。1576 年（万历四年），我国历史上著名的治水人物潘季驯巡抚江西，调动大量军工民工修筑九江桑落洲堤。瑞昌长江南岸梁公堤也建于万历五年。沿江滨湖南昌、新建两县 1499 年（弘治十二年）有圩堤 105 处，1586 年（万历十四年）增加到 312 处，1608 年（万历三十六年）又增加到 345 处。由于大量围垦江湖洲滩，促进了农业发展，带来了经济繁荣，但与水争地，使水灾加剧。从明代起，江西水利重点转移到沿江滨湖修堤防洪。

清沿明制，1782 年（乾隆四十七年）江西人口发展到 1763 万人，至 1851 年（咸丰元年）增加到 2387 万人。为了解决粮食问题，必须扩大耕地，发展水利。1723 年（雍正元年）、1765 年（乾隆三十年）清政府多次发帑兴修圩堤。新干的石口至新市堤、清江的白公堤、丰城的小港口闸和堤、南昌的集义圩和新增圩等均建于清代。赣江东岸到清代前期已筑有小堤 160 多条，清代中期基本连成一体。1758 年（乾隆二十三年），江西各分巡道及各府州同知、通判普加水利衔，主管水利。咸丰元年，全江西省农田灌溉面积曾达 2300 万亩，有圩堤 3000 多 km，保护面积 400 多万亩。

清代，由于人口猛增，盲目围垦的情况有增无减，水灾比前期更为严重。清政府曾多次下令禁止围垦，但多数圩田为官绅豪权所占，禁而不止。自鸦片战争后，清政府腐败，社会经济衰退。特别是 19 世纪50年代，清军与太平军在江西反复交战十余年，使江西人口减少上千万人，水利严重损坏，全江西省灌溉面积荒废一千多万亩。

## 2.2 鄱阳湖流域古代水利工程分布状况

江西境内的五河均汇入鄱阳湖，因此鄱阳湖流域遍布江西全境，江西省现今下辖南昌、景德镇、萍乡、九江、新余、鹰潭、赣州、吉安、宜春、抚州、上饶等11个设区市。本书以《江西通志·水利》（清雍正十年）中记载的水利工程为依据。

### 2.2.1 南昌市古代水利工程

1. 地理位置和地势地貌

南昌市地处江西中部偏北，赣江、抚河下游，鄱阳湖西南岸，位于东经115°27′～116°35′、北纬28°10′～29°11′之间。南昌市全境山、丘、岗、平原相间，其中岗地低丘占34.4%，水域面积达2204.3km$^2$，占29.8%，在全国省会以上城市中排在前三位。全境以平原为主，占35.8%，东南相对平坦，西北丘陵起伏，水网密布，湖泊众多。王勃《滕王阁序》概括其地势为“襟三江而带五湖，控蛮荆而引瓯越”。

2. 水系

全市水网密布，赣江、抚河、锦江、潦河纵横境内，湖泊众多，有军山湖、金溪湖、青岚湖、瑶湖等数百个大小湖泊，市区湖泊主要有城外四湖——青山湖、艾溪湖、象湖、黄家湖，城内四湖——东湖、西湖、南湖、北湖。

3. 古代水利工程种类和数量

南昌市古代水利工程共有1100余处，其中陂、塘、堰、圩四类水利工程占比分别为19.0%、36.7%、5.8%、33.1%，见表2.2-1和图2.2-1。

表 2.2-1　南昌市古代水利工程数量统计

| 工程类别 | 陂 | 塘 | 堰 | 圩 | 湖 | 垱 | 港 | 闸 | 埠 | 堨 |
|---|---|---|---|---|---|---|---|---|---|---|
| 数量 / 处 | 214 | 414 | 66 | 374 | 16 | 12 | 5 | 5 | 4 | 19 |

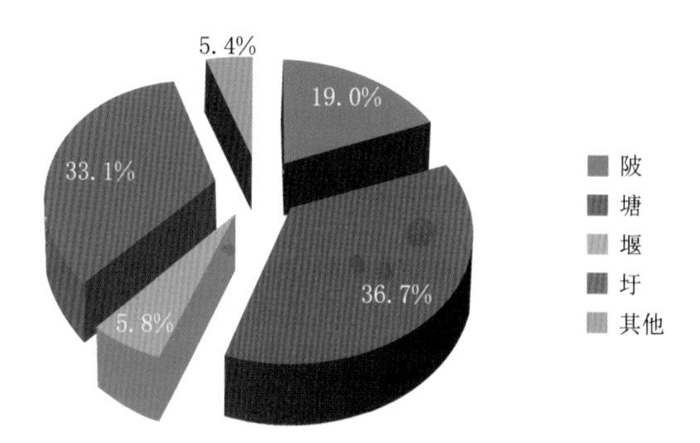


图 2.2-1　南昌市古代水利工程及其占比

南昌市下辖区（县）古代水利工程数量见表 2.2-2 和图 2.2-2。

表 2.2-2　南昌市下辖区（县）古代水利工程数量

| 行政区 | 南昌县 | 新建区 | 进贤县 | 安义县 |
|---|---|---|---|---|
| 水利工程数量 / 处 | 347 | 227 | 248 | 307 |

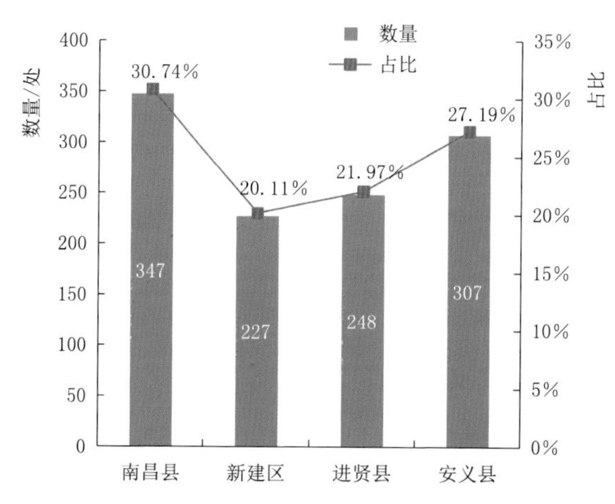


图 2.2-2　南昌市下辖区（县）古代水利工程数量及占比

### 2.2.2　景德镇市古代水利工程

1. 地理位置和地势地貌

景德镇市位于江西东北部，居东经116°57′～117°42′、北纬28°44′～29°56′之间，属丘陵地带，坐落于黄山、怀玉山余脉与鄱阳湖平原过渡地带，是典型的江南红壤丘陵区。市区内平均海拔为32m，地势由东北向西南倾斜，东北和西北部多山，最高峰位于与安徽休宁接壤的省界地带，海拔为1618m。景德镇市市区处于群山环抱的盆地之中，如遇持续的暴雨天气，市区易形成水患。

2. 水系

昌江、西河、南河为流经景德镇市的主要河流，西河、南河是昌江重要支流，于景德镇市区注入昌江。昌江发源于江西省与安徽省交界处的山区，大致呈北南走向，由北向南注入鄱阳湖。历史上，昌江曾是景德镇市对外交通最重要的通道。

3. 古代水利工程种类和数量

景德镇市古代水利工程共有500余处，其中陂、塘占比分别为87.5%、12.3%，详见表2.2-3和图2.2-3。

表2.2-3　景德镇市古代水利工程数量统计

| 工程类别 | 陂 | 塘 | 坝 |
| --- | --- | --- | --- |
| 数量/处 | 485 | 68 | 1 |

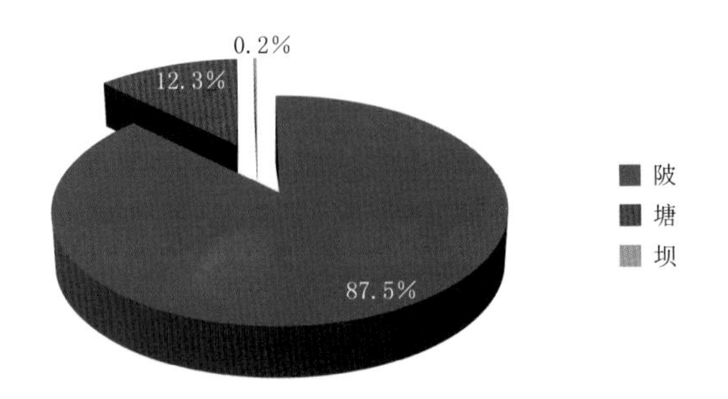


图2.2-3　景德镇市古代水利工程及其占比

## 2.2.3 萍乡市古代水利工程

1. 地理位置和地势地貌

萍乡市位于江西省西部，地处东经 113°35′～114°17′、北纬 27°20′～28°0′ 之间，属江南丘陵地区，以丘陵地貌为主。东南部有武功山脉，海拔一般为 800～1900m，最高峰（白鹤峰）海拔为 1918.3m。北部杨岐山至大屏山一带地势较高，地形险要，海拔为 600～900m。西部萍水河河床最低点的海拔仅为 64m。中部偏东地势较高，成为洞庭湖水系和鄱阳湖水系的分水岭。

2. 水系

萍乡市内水系地域分属长江流域的洞庭湖水系和鄱阳湖水系。全市主要河流有 5 条，即萍水、栗水、草水、袁水、莲水。袁水、莲水发源于罗霄山和武功山，流入赣江；萍水、栗水、草水发源于武功山与罗霄山、杨岐山之间，最终注入湘江。主要支流有长平河、福田河、东源河、楼下河、高坑河、万龙山河、张家坊河、金山河、大山冲河等。

3. 古代水利工程种类和数量

萍乡市古代水利工程共有 400 余处，主要为陂、塘，其占比分别为 46.2%、53.8%，见表 2.2-4 和图 2.2-4。

表 2.2-4 萍乡市古代水利工程数量统计

| 工程类别 | 陂 | 塘 |
|---|---|---|
| 数量 / 处 | 250 | 215 |

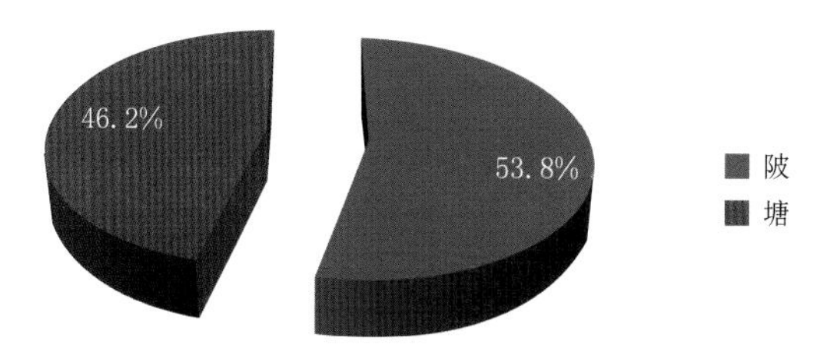


图 2.2-4 萍乡市古代水利工程及其占比

### 2.2.4 九江市古代水利工程

1. 地理位置和地势地貌

九江地处东经113°56′～116°54′、北纬28°41′～30°05′之间，是东部沿海开发向中西部推进的过渡地带，号称“三江之口，七省通衢”与“天下眉目之地”，有“江西北大门”之称。地势东西高，中部低，南部略高，向北倾斜，平均海拔为32m，修水九岭山海拔为1794m，为九江最高峰，庐山市蛤蟆石附近的鄱阳湖底，海拔为–9.37m，为全市最低处。全市山地占总面积的16.4%，丘陵占44.5%，湖泊占18%，耕地365.22万亩，俗称“六山二水分半田，半分道路和庄园”。

2. 水系

九江市境内长江岸线长151.9km，湖口以上流域面积为168万$km^2$，年平均径流量为8900亿$m^3$。鄱阳湖是我国第一大淡水湖，流域面积为16.2万$km^2$，正常水面面积为3900$km^2$，年平均吞吐量为1480亿$m^3$，是黄河的3倍。鄱阳湖在九江境内面积达2346$km^2$，占鄱阳湖总面积的2/3。除了鄱阳湖外，全市有万亩以上湖泊10个，千亩以上万亩以下湖泊31个。鄱阳湖在九江市湖口县汇入长江干流。九江市有流域面积在10$km^2$以上的河流350条，其中流域面积在1000$km^2$以上的河流有5条；流域面积在500～1000$km^2$的河流有39条。

3. 古代水利工程种类和数量

九江市古代水利工程共有2500余处，其中陂、塘、堰、圩四类水利工程占比分别为39.7%、53.8%、4.7%、1.2%，见表2.2-5和图2.2-5。

表2.2-5 九江市古代水利工程数量统计

| 工程类别 | 陂 | 塘 | 堰 | 圩 | 闸 | 圳 | 堤 |
|---|---|---|---|---|---|---|---|
| 数量/处 | 1010 | 1367 | 119 | 31 | 2 | 1 | 11 |

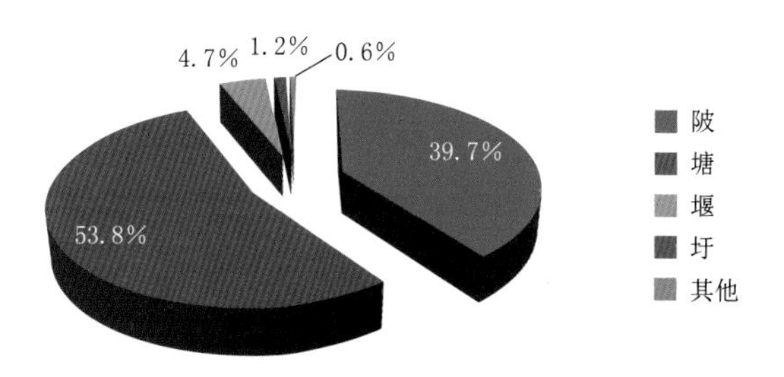


图 2.2-5　九江市古代水利工程及其占比

九江市下辖区（县）古代水利工程数量见表 2.2-6 和图 2.2-6。

表 2.2-6　九江市下辖区（县）古代水利工程数量

| 行政区 | 武宁县 | 修水县 | 庐山市 | 都昌县 | 永修县 |
|---|---|---|---|---|---|
| 水利工程数量 / 处 | 165 | 1273 | 29 | 22 | 547 |
| 行政区 | 柴桑区 | 德安县 | 瑞昌市 | 湖口县 | 彭泽县 |
| 水利工程数量 / 处 | 22 | 233 | 33 | 191 | 26 |

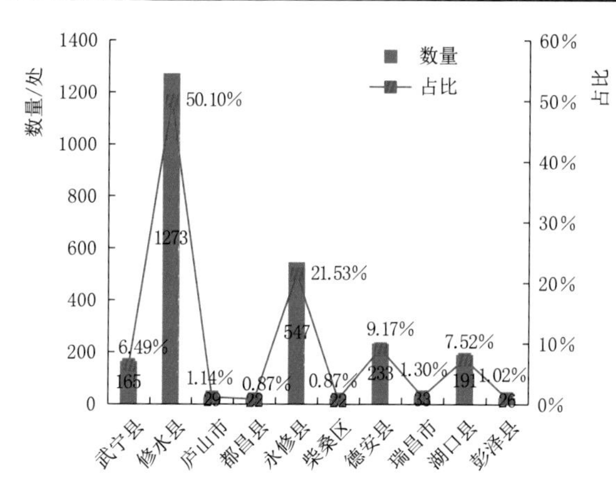


图 2.2-6　九江市下辖区（县）古代水利工程数量及占比

## 2.2.5　新余市古代水利工程

1. 地理位置和地势地貌

新余市位于江西省中部偏西，地处东经 114°29′～115°24′、北纬 27°33′～28°05′ 之间，地貌基本形态有低山、高丘陵、低丘陵、岗地、阶地、平原 6 种类型。地貌成因类型有侵蚀构造地形、侵蚀剥蚀地形、溶蚀侵蚀地形和堆积地形。境内多数山地，由变质岩系、花岗岩、石灰岩、砂质岩组成。北面蒙山由花岗岩组成，山峭谷深。西北边境山地为石灰岩，由北向西呈现鹄山、人和、欧里、界水等乡镇一带的山峦，南面的高丘陵区，如九龙山、良山和百丈峰，均由变质岩组成。

2. 水系

袁河是流经新余市的主要河流，属赣江水系，横贯东西，境内河段长 116.9km。袁河发源于萍乡市武功山北麓，自西向东经萍乡、宜春两市，在分宜县的洋江乡车田村进入新余市，从渝水区的新溪乡龙尾周村出境，于樟树市张家山的荷埠馆注入赣江。市内各小河溪水，大都以南北向注入袁河，整个水系呈叶脉状。袁河在新余境内有 17 条支流：塔前江、界水河、周宇江、天水江、孔目江、雷陂江、安和江、白杨江、陈家江、蒙河、姚家江、南安江、杨桥江、凤阳河、新祉河、苑坑河、陂源河。

3. 古代水利工程种类和数量

新余市古代水利工程共有 960 余处，其中陂、塘、堰、圩占比分别为 68.4%、27.0%、3.8%、0.1%，见表 2.2-7 和图 2.2-7。

表 2.2-7　新余市古代水利工程数量统计

| 工程类别 | 陂 | 塘 | 堰 | 圩 | 圳 | 窟 | 垱 |
|---|---|---|---|---|---|---|---|
| 数量 / 处 | 657 | 259 | 36 | 1 | 4 | 2 | 1 |

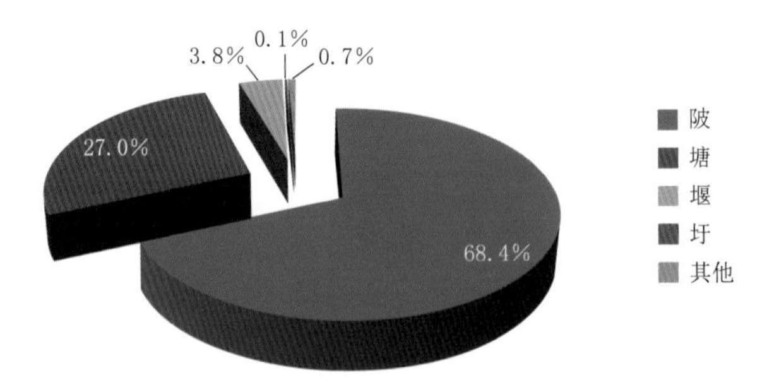


图 2.2-7　新余市古代水利工程及其占比

## 2.2.6 鹰潭市古代水利工程

1. 地理位置和地势地貌

鹰潭市位于江西省东北部，信江中下游，地处东经116°41′～117°30′、北纬27°35′～28°41′之间，地处武夷山脉向鄱阳湖平原过渡的交接地带，地势东南高西北部低。地形可分为东南部中山地带，北部中高丘陵地带，西部中低丘陵地带，中部贵溪盆地地带。主要山峰有阳际坑、青茅境、鲑鱼峰、唐家山、天华山、郎岗山等。境内最高峰阳际坑位于贵溪樟坪乡，海拔为1540.9m，最低点位于余江区锦江镇团湖村信江河谷，海拔为16m。

2. 水系

境内河道属长江流域鄱阳湖水系。主要河道有一级河信江，长72km；二级河12条，总长425km；三级河3条，总长44.5km；境内最大的河流为信江，从贵溪流口经境内贵溪市、月湖区、余江区，从余江区的锦江镇炭埠村流出，长72km；主要支流有白塔河、罗塘河、童家河、白露河、泗沥河等。

3. 古代水利工程种类和数量

鹰潭市古代水利工程共有约200处，主要为陂、塘、堰，其占比分别为32.2%、38.7%、29.1%，见表2.2-8和图2.2-8。

表2.2-8 鹰潭市古代水利工程数量统计

| 工程类别 | 陂 | 塘 | 堰 |
| --- | --- | --- | --- |
| 数量/处 | 64 | 77 | 58 |

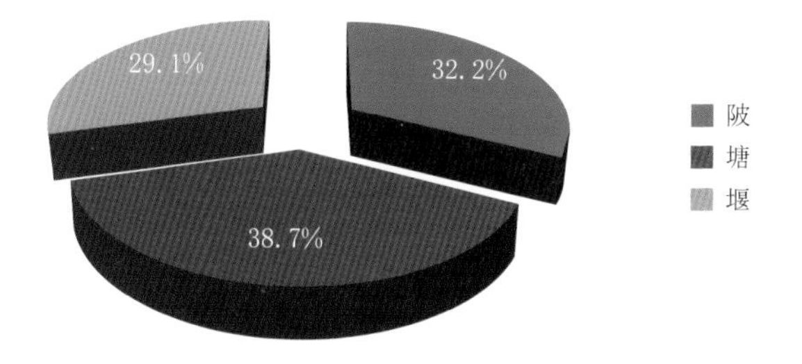


图2.2-8 鹰潭市古代主要水利工程及其占比

## 2.2.7 赣州市古代水利工程

1. 地理位置和地势地貌

赣州市位于江西省南部，介于东经113°54′～116°38′、北纬24°29′～27°09′之间，群山环绕，断陷盆地贯穿于赣州市，以山地、丘陵为主，占总面积的80.98%，四周有武夷山、雩山、诸广山及南岭的九连山、大庾岭等，众多的山脉及其余脉，向中部及北部逶迤伸展，形成周高中低、南高北低地势。赣州市海拔高度平均为300～500m，海拔千米以上山峰有450座，崇义、上犹与湖南省桂东3县交界处的齐云山鼎锅寨海拔为2061m，为最高峰；赣县区湖江镇张屋村海拔为82m，为最低处。

2. 水系

赣州市四周山峦重叠、丘陵起伏，形成溪水密布，河流纵横。地势周高中低，南高北低，水系呈辐辏状向章贡区汇集。赣南山区为赣江发源地，也是珠江之东江的源头之一。千余条支流汇成上犹江、章水、梅江、琴江、绵江、湘江、濂江、平江、桃江9条较大支流。其中由上犹江、章水汇成章江；由其余7条支流汇成贡江；章贡两江在章贡区相会而成赣江，北入鄱阳湖，属长江流域赣江水系。另有百条支流分别从寻乌、安远、定南、信丰流入珠江流域东江、北江水系和韩江流域梅江水系。区内各河支流上游分布在西、南、东边缘的山区，河道纵坡陡，落差集中，水流湍急；中游进入丘陵地带，河道纵坡较平坦，河流两岸分布有宽窄不同的冲积平原。

3. 古代水利工程种类和数量

赣州市古代水利工程共有约1800处，其中陂、塘占比分别为96.1%、3.6%，见表2.2-9和图2.2-9。

表2.2-9 赣州市古代水利工程数量统计

| 工程类别 | 陂 | 塘 | 圳 |
| --- | --- | --- | --- |
| 数量／处 | 1712 | 64 | 6 |

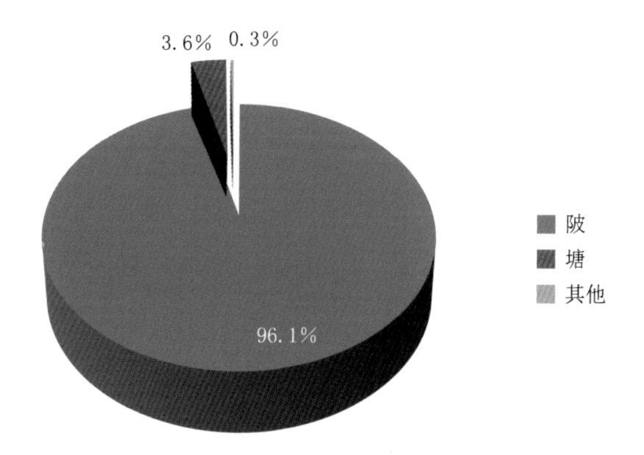


图 2.2-9　赣州市古代主要水利工程及其占比

赣州市下辖区（县）古代水利工程数量见表 2.2-10 和图 2.2-10。

表 2.2-10　赣州市下辖区（县）古代水利工程数量

| 行政区 | 大余县 | 南康区 | 上犹县 | 崇义县 | 赣县区 | 于都县 | 信丰县 | 兴国县 |
|---|---|---|---|---|---|---|---|---|
| 水利工程数量 / 处 | 215 | 235 | 47 | 77 | 310 | 346 | 24 | 56 |
| 行政区 | 宁都县 | 会昌县 | 安远县 | 瑞金市 | 龙南县 | 石城县 | 定南县 | 寻乌县 |
| 水利工程数量 / 处 | 263 | 19 | 40 | 25 | 33 | 57 | 9 | 26 |

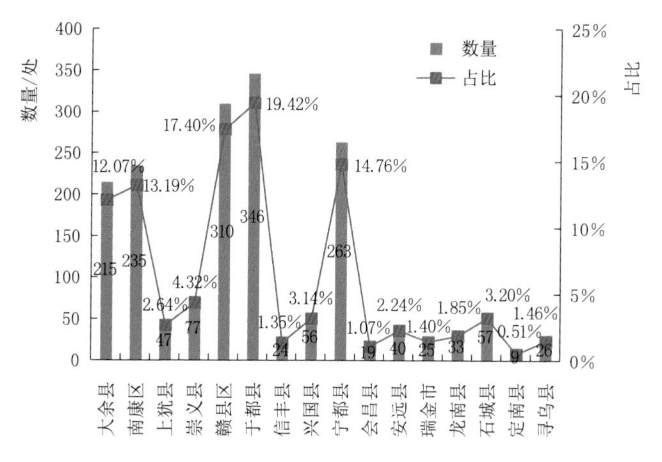


图 2.2-10　赣州市下辖区（县）水利工程数量及占比

## 2.2.8　吉安市古代水利工程

1. 地理位置和地势地貌

吉安市位于江西省中西部，赣江中游。位于东经113°48′～115°56′、北纬25°58′～27°58′之间。地形以山地、丘陵为主，东、南、西三面环山。境内溪流河川、水系网络酷似叶脉，赣江自南而北贯穿其间，将吉安切割为东西两大部分。地势由边缘山地到赣江河谷，徐徐倾斜，逐级降低，往北东方向逐渐平坦。北为赣抚平原，中间为吉泰盆地。

2. 水系

境内水系以赣江为主流，赣江在万安县涧田乡良口入境，纵贯市境中部，流经万安、泰和、吉安、青原、吉州、吉水、峡江、新干等县（区），在新干县三湖镇蒋家出境，境内河段长264km，天然落差为54m，干流吉安段流域面积为26251.7km$^2$，占赣江流域总面积的32.8%。赣江主流吉安段有众多支流分布在东西两岸并全部汇入赣江，构成以赣江为中心的向心水系。境内有不同级别最终汇入赣江、流域面积大于10km$^2$以上的大小支流共733条，流域面积大于1000km$^2$的大支流有8条。

3. 古代水利工程种类和数量

吉安市古代水利工程共有5300余处，其中陂、塘、堰占比分别为44.5%、52.8%、2.1%，见表2.2-11和图2.2-11。

表2.2-11　吉安市古代水利工程数量统计

| 工程类别 | 陂 | 塘 | 堰 | 圩 | 圳 | 窟 | 垱 | 湖 | 坝 |
|---|---|---|---|---|---|---|---|---|---|
| 数量/处 | 2367 | 2811 | 113 | 2 | 24 | 2 | 1 | 3 | 2 |

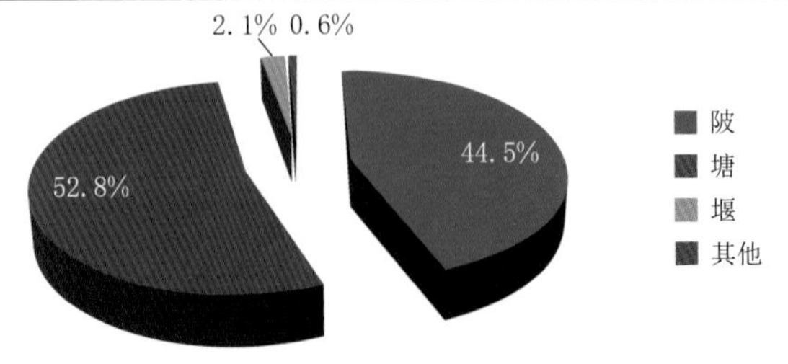


图2.2-11　吉安市古代主要水利工程及其占比

吉安市下辖区（县）古代水利工程数量见表 2.2-12 和图 2.2-12。

表 2.2-12　吉安市下辖区（县）古代水利工程数量

| 行政区 | 新干县 | 峡江县 | 吉安县 | 泰和县 | 吉水县 | 永丰县 |
|---|---|---|---|---|---|---|
| 水利工程数量 / 处 | 237 | 181 | 1386 | 653 | 892 | 768 |
| 行政区 | 安福县 | 遂川县 | 万安县 | 永新县 | 井冈山市 | |
| 水利工程数量 / 处 | 651 | 53 | 143 | 313 | 48 | |

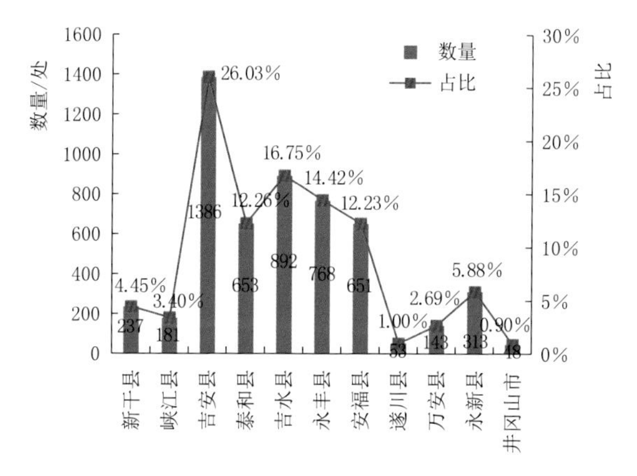


图 2.2-12　吉安市下辖区（县）水利工程数量及占比

## 2.2.9　宜春市古代水利工程

1. 地理位置和地势地貌

宜春市位于江西省西北部，地处东经 113°54′～116°27′、北纬 27°33′～29°06′ 之间，地处赣西北山区向赣抚平原过渡地带，地形复杂多样，地势自西北向东南倾斜。境内最高点海拔为 1794.3m，在靖安九岭尖，最低点海拔为 18m，在丰城药湖。北部九岭山脉地势峻峭，海拔多在 1000m 以上。以南则是多呈波状起伏的丘陵盆地。在山丘之间，有潦河、锦江、袁水等河流贯穿其中，河流两侧发育着宽窄不一的多级河谷阶地。西北山区蕴藏着丰富的森林、水力资源，河谷地带则以粮食和经济作物为盛。

2. 水系

境内的河流基本属鄱阳湖水系，主要是赣江、赣江支流与修水支流。赣江自西南向东北，流经宜春市境东部樟树、丰城两市，境内长76km，纳袁水、肖江、锦江等支流。袁水发源于萍乡境内武功山北麓，全长279km，多年平均流量为187m$^3$/s，天然落差为1129m；境内流域面积为2416.6km$^2$，占该河总流域面积为39.38%。锦江发源于袁州区慈化镇，全长294km，天然落差为391m，多年平均流量为222m$^3$/s；境内流域面积为7115.44km$^2$，占该河总流域面积为93%。修水的主要支流为潦河，潦河在宜春市境内流域面积有3154.1km$^2$，占其总流域面积为72.8%。抚河经丰城市东境而过，境内长10.6km，流域面积为84.85km$^2$，注入鄱阳湖的清丰山溪，在市东部有流域面积2447.85km$^2$，在吉安汇入赣江的禾水支流泸水，在宜春市有流域面积106km$^2$，鄱阳湖水系占宜春市总流域面积98.4%。此外，袁州、万载尚有湘江支流渌水的流域面积为182km$^2$。

3. 古代水利工程种类和数量

宜春市古代水利工程共有1100余处，其中陂、塘、堰、圩四类水利工程占比分别为51.9%、38.0%、4.0%、0.5%，见表2.2-13和图2.2-13。

表2.2-13　宜春市古代水利工程数量统计

| 工程类别 | 陂 | 塘 | 堰 | 垱 | 圩 | 堤 | 湖 | 窟 | 港 | 圳 | 堨 |
|---|---|---|---|---|---|---|---|---|---|---|---|
| 数量/处 | 1607 | 1176 | 123 | 21 | 17 | 1 | 84 | 12 | 16 | 32 | 8 |

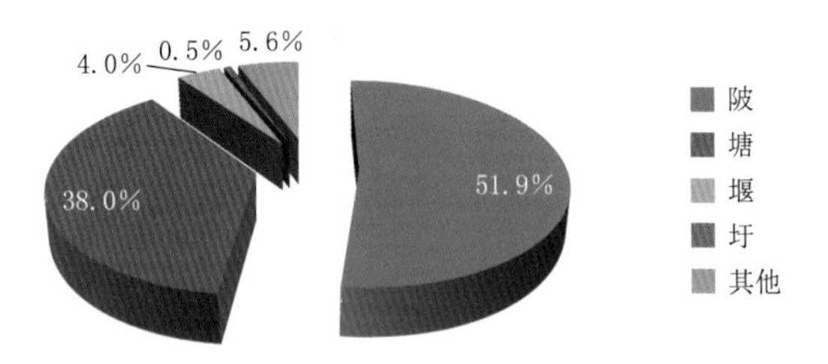


图2.2-13　宜春市古代主要水利工程及其占比

宜春市下辖区（县）古代水利工程数量见表2.2-14和图2.2-14。

表 2.2-14　宜春市下辖区（县）古代水利工程数量

| 行政区 | 丰城市 | 奉新县 | 靖安县 | 高安市 | 上高县 |
|---|---|---|---|---|---|
| 水利工程数量 / 处 | 529 | 112 | 105 | 601 | 120 |
| 行政区 | 宜丰县 | 袁州区 | 万载县 | 樟树市 | |
| 水利工程数量 / 处 | 391 | 421 | 166 | 652 | |

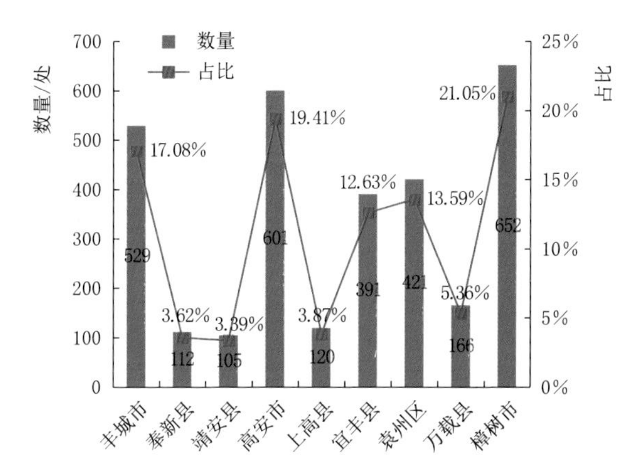


图 2.2-14　宜春市下辖区（县）古代水利工程数量及占比

## 2.2.10　抚州市古代水利工程

1. 地理位置和地势地貌

抚州市位于江西省东部，介于东经 115°35′～117°18′、北纬 26°29′～28°30′ 之间。境内东、南、西三面环山，中部丘陵与河谷盆地相间。地势南高北低，渐次向鄱阳湖平原地区倾斜。地貌以丘陵为主，山地、岗地和河谷平原次之。海拔在 500m 以上的山地占总面积的 30%，海拔为 100～500m 的丘陵占 50%，海拔低于 100m 的岗地和河谷平原占 20%。

2. 水系

全市有抚河、信江、赣江三大水系，大小河流 470 余条。水流方向除赣江水系乌江外，均由南向北汇入鄱阳湖。抚河古称盱江，又名汝水，贯穿抚州市中南部，是流入鄱阳湖区主要支流之一，为江西省仅次于赣江的第二大河流，流域面积为 16800km²。赣江水系在抚州市的集雨面积为 1604.86km²，主要河流在乐安县境内。抚州市内信江水系河流分布在东乡、金溪、资溪三县，在抚州市的集雨面积为 1461.4km²。此外，还有直接流入鄱阳湖的润溪河，在东乡县境内河长为 21km，在抚州市的集雨面积为 97.35km²。

3. 古代水利工程种类和数量

抚州市古代水利工程共有约 1900 处，其中陂、塘、堰占比分别为 65.7%、30.7%、1.7%，见表 2.2-15 和图 2.2-15。

表 2.2-15 抚州市古代水利工程数量统计

| 工程类别 | 陂 | 塘 | 堰 | 坝 | 窟 | 井 | 圳 |
|---|---|---|---|---|---|---|---|
| 数量 / 处 | 1244 | 581 | 33 | 1 | 23 | 11 | 1 |

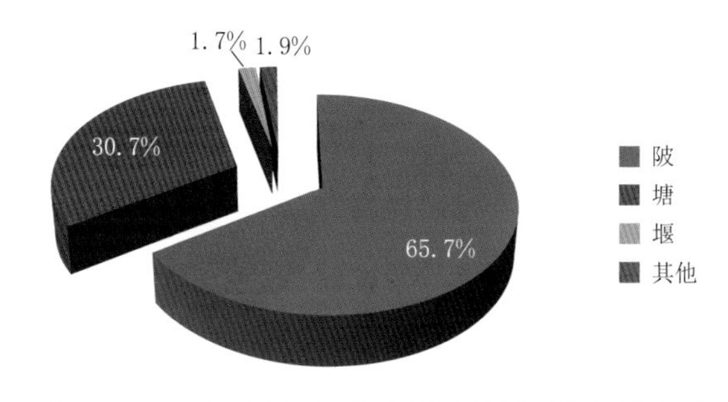


图 2.2-15 抚州市古代主要水利工程及其占比

抚州市下辖区（县）古代水利工程数量见表 2.2-16 和图 2.2-16。

表 2.2-16 抚州市下辖区（县）古代水利工程数量

| 行政区 | 黎川县 | 广昌县 | 资溪县 | 临川区 | 金溪县 |
|---|---|---|---|---|---|
| 水利工程数量 / 处 | 117 | 48 | 44 | 519 | 413 |
| 行政区 | 宜黄县 | 乐安县 | 东乡区 | 南城县 | 南丰县 |
| 水利工程数量 / 处 | 127 | 200 | 115 | 245 | 66 |

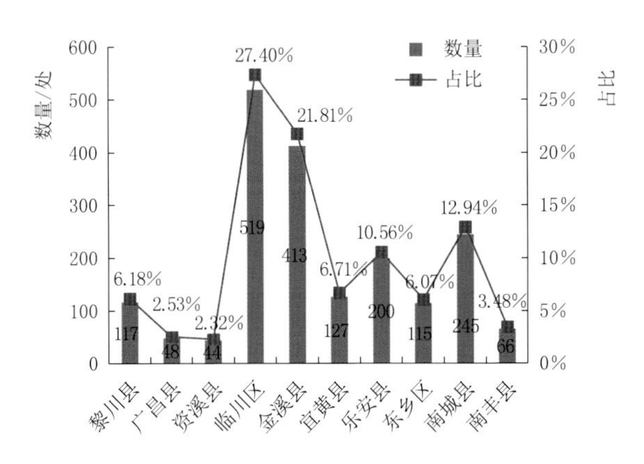


图 2.2-16　抚州市下辖区（县）古代水利工程数量及占比

## 2.2.11　上饶市古代水利工程

1. 地理位置和地势地貌

上饶市位于江西省东北部，介于东经116°13′～118°29′、北纬27°48′～29°42′之间，全市地貌以丘陵为主，北、东、南三面环山，西面为中国第一大淡水湖鄱阳湖，主要河流自东向西流入鄱阳湖。地形为南东高、北西低，山地集中分布在东北部和东南部，且多呈东北—西南走向。北部怀玉山脉呈北东东向蜿蜒于横峰—上饶一线，主峰灵山高达1223.6m，南北两侧广布丘陵，南侧信江流域为狭长的丘陵盆地，西部为广袤的鄱阳湖平原。中部为信江盆地，多为低山丘陵，相对高度一般在200m左右。

2. 水系

境内水系发达，河流众多，大部分属鄱阳湖水系。信江、饶河是上饶市的主要河流，纵贯全境，汇入鄱阳湖后经湖口注入长江。信江流域面积为16890km²，上饶市境内流域面积为12221.3km²，占全流域面积的72%，占鄱阳湖水系集水面积的7.44%；饶河主要由乐安河与昌江组成，流域总面积为15428km²，占鄱阳湖水系集水面积的9.5%，乐安河流域面积为8989km²，昌江流域面积为6222km²。

3. 古代水利工程种类和数量

上饶市古代水利工程共有1100余处，其中陂、塘、堰、圩四类水利工程占比分别为57.9%、31.1%、1.1%、9.3%，见表2.2-17和图2.2-17。

表2.2-17　上饶市古代水利工程数量统计

| 工程类别 | 陂 | 塘 | 堰 | 圩 | 湖 |
|---|---|---|---|---|---|
| 数量/处 | 681 | 366 | 13 | 110 | 7 |

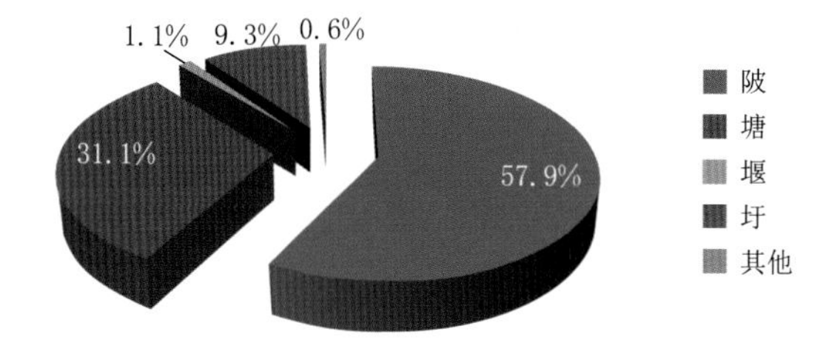


图2.2-17　上饶市古代主要水利工程及其占比

上饶市下辖区（县）古代水利工程数量见表2.2-18和图2.2-18。

表2.2-18　上饶市下辖区（县）古代水利工程数量

| 行政区 | 广信区 | 玉山县 | 弋阳县 | 铅山县 | 广丰区 | 横峰县 | 鄱阳县 | 余干县 | 德兴市 | 万年县 |
|---|---|---|---|---|---|---|---|---|---|---|
| 水利工程数量/处 | 56 | 135 | 56 | 49 | 98 | 205 | 35 | 175 | 305 | 63 |

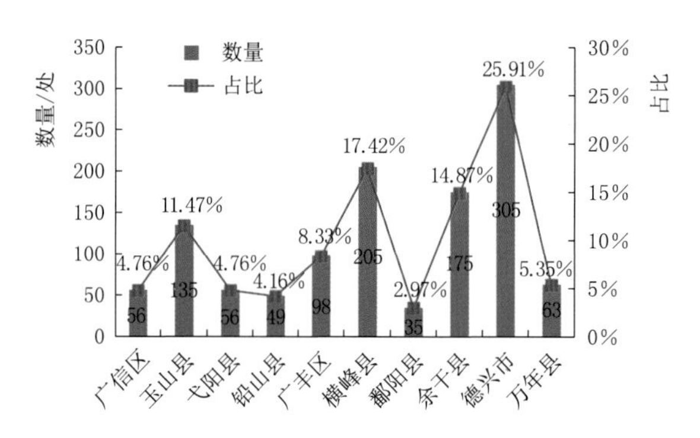


图2.2-18　上饶市下辖区（县）古代水利工程数量及占比

# 2.3 江西省古代水利工程特征分析

## 2.3.1 江西省地理概况

江西省地处中国东南偏中部，位于长江中下游南岸，介于东经 113°34′36″～118°28′58″、北纬 24°29′14″～30°04′41″之间。江西省土地总面积为 16.69 万 $km^2$，约占全国总面积的 1.74%，居华东各省市之首。主要属长江、珠江两大流域，其中长江流域占 97%，珠江流域占 2%，此外约有面积 285$km^2$ 的径流汇入东南沿海水系。

江西版图轮廓略呈长方形，南北长约为 620km，东西宽约为 490km。省境除北部较为平坦外，东、西、南部三面环山，中部丘陵起伏，整个地势分布大致呈不规则环状结构，全省成为一个整体向鄱阳湖倾斜而往北开口的巨大盆地。

江西地貌类型较为齐全，常态地貌类型以山地和丘陵为主。其中山地为 6.01 万 $km^2$（包括中山和低山），占江西省总面积的 36%；丘陵为 7.01 万 $km^2$（包括高丘和低丘），占 42%；岗地和平原为 2.00 万 $km^2$，占 12%，水面为 1.67 万 $km^2$，占 10%。除常态地貌类型外，还有喀斯特、丹霞和冰川等特殊地貌类型。江西地貌大致可以划分为 6 个地貌区：赣西北中低山与丘陵区、鄱阳湖湖积冲积平原区、赣东北中低山丘陵区、赣抚中游河谷阶地与丘陵区、赣西中低山区以及赣中南中低山与丘陵区。

## 2.3.2 江西省古代水利工程特点

### 2.3.2.1 古代水利工程的类型特点

本节主要对《江西通志·水利》（清雍正十年）中记载的水利工程的种类和数量进行全面梳理和统计分析，结果见表 2.3-1 和图 2.3-1。

表 2.3-1 江西省各类型古代水利工程数量统计

| 工程类别 | 陂 | 塘 | 堰 | 圩 | 圳 | 堤 | 湖 | 窟 |
| --- | --- | --- | --- | --- | --- | --- | --- | --- |
| 数量 / 处 | 10291 | 7398 | 561 | 535 | 72 | 3 | 110 | 39 |
| 工程类别 | 港 | 垱 | 堨 | 闸 | 埠 | 坝 | 井 | |
| 数量 / 处 | 21 | 35 | 27 | 7 | 4 | 3 | 11 | |

在表 2.3-1 中，圩为低洼区防水护田的土堤；圳一般为田间水沟，可以截流用于灌溉；垱为便于灌溉而在低洼的田地或河中修建的用来存水的小土堤；堨为拦水的堰，谓筑堨截水；埠为小堤。

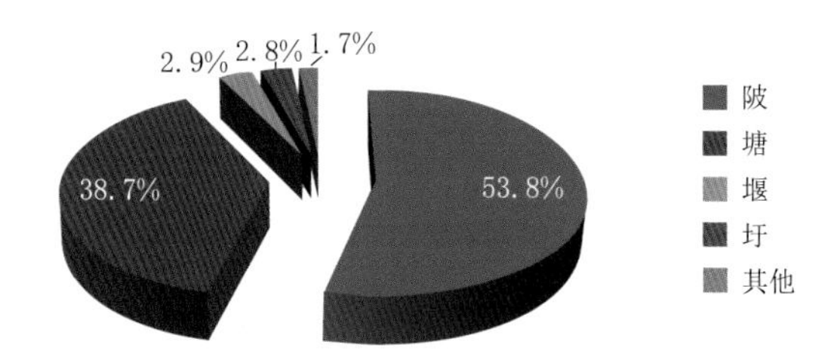


图 2.3-1 江西省主要古代水利工程及其占比

从以上图表中，可以分析得出江西省古代水利工程的两个特征：

（1）水利工程数量众多，类型丰富。从表 2.3-1 中可以看到，在江西省的古代水利工程数量非常多，有 19000 余处，并且水利工程的种类也非常的丰富，有陂、塘、堰、圩、圳、堤、湖、窟、港、垱、堨、闸、埠、坝、井等十余种类型。

这一特征恰好体现了江西省在清朝时期，水利发展已进入了鼎盛期。

（2）工程类别以陂、塘、堰、圩四类为主。

从图 2.3-1 中可以看到，江西省的古代水利工程类别主要以陂、塘、堰、圩四类为主，它们的占比分别达到了 53.8%、38.7%、2.9%、2.8%，相对的，其他类别的水利工程的总和只占 2%，非常的少。

这一特征正好与 2.1 节中江西省古代水利建设的发展演变相吻合：唐宋时期，江西省的水利得到了大力的发展，修建了大量的陂、塘、堰等水利设施，以满足农业的需求；明清时期，江西水利的重点转移到了沿江滨湖修堤防洪，因而修建了大量的圩、堤等。因而，在用的江西省古代水利工程主要以陂、塘、堰、圩四类为主。

#### 2.3.2.2 古代水利工程的空间分布特点

本节主要对《江西通志·水利》（清雍正十年）中记载的水利工程按照现今江西省的区划进行统计分析，结果见表 2.3-2 和图 2.3-2。

表 2.3-2 江西省各市古代水利工程数量统计

| 行政区 | 南昌市 | 抚州市 | 赣州市 | 吉安市 | 景德镇市 | 九江市 |
|---|---|---|---|---|---|---|
| 水利工程数量 / 处 | 1133 | 1894 | 1782 | 5325 | 554 | 2531 |
| 行政区 | 萍乡市 | 上饶市 | 新余市 | 宜春市 | 鹰潭市 | |
| 水利工程数量 / 处 | 465 | 1177 | 960 | 3097 | 199 | |

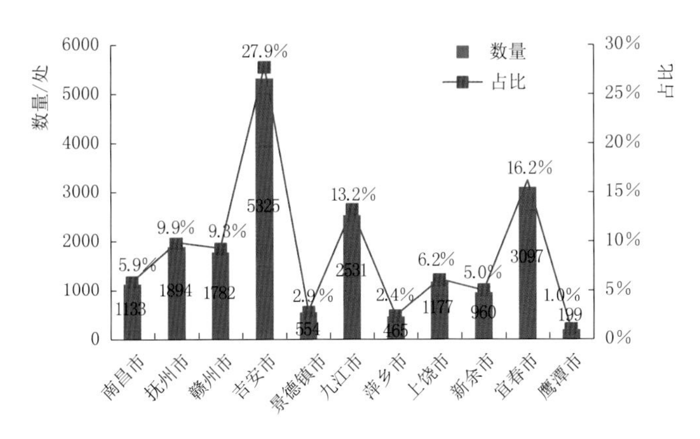


图 2.3-2 江西省各市古代水利工程数量及占比

由表 2.3-2 和图 2.3-2 可知，江西省 11 个设区市中，水利工程数量最多的为吉安市，其次为宜春市和九江市，其数量分别为 5325 处、3097 处、2531 处，占比分别为 27.9%、16.2%、13.2%。从以上图表可知，江西省古代水利工程空间分布的主要特征如下：

（1）水利工程建设的重点在赣中地区，赣江中下游为密集区。水利工程总体呈现出不平衡且集中分布的总格局，集中分布在赣中地区、赣江流域中下游。如吉安市、宜春市水系河网发达、土地肥沃，相应地，农田水利建设发展较快，两市水利工程总和占江西省数量的44.05%。历史上有名的万亩以上灌溉工程，如李渠、槎滩陂、梅陂、寅陂、大丰陂等均坐落于吉安市。

（2）鄱阳湖区水利工程数量多，山区数量少。鄱阳湖区历来是江西省经济最为繁荣的地区，随着唐朝经济中心的南移，水利建设进入高潮期，尤以鄱阳湖区为最。经不完全统计，鄱阳湖生态经济区范围内的22个县（区）水利工程总数为5323处，超过江西省总数的25%。赣南（赣州市）、赣西（萍乡市）等山区虽然有一定数量的水利工程，但工程数量与平原河谷地区相比大为减少。

#### 2.3.2.3　古代水利工程的使用功能特点

明泰和人杨士奇曾言："食者民之命也，水者谷之命也。"早在一万年前的新石器时代，在江西这块古老的土地上便有种植水稻的活动；战国时期已有储存稻谷的大型粮仓，晋代京城以外的粮仓有三分之二在江西，说明江西的农田水利早已有所兴建。唐宋时期，江西农业生产开始跃居国内的领先地位，成为全国重要的粮食生产和输出基地，并且愈到后来地位愈见重要。可见，江西的水利工程主要是为了解决农业生产问题而修建，因此灌溉是其最重要的功能之一，最具代表性的古代水利工程如袁州的李渠、抚州的千金陂、泰和的槎滩陂。

除以灌溉功能为主的古代水利以外，还有以防洪功能为主的堤坝，如南昌市韦公堤和筑堤以及捍长江之水的李公堤；还有以鄱阳湖独有的泊船避风的堤坝——紫阳堤；还有古代城市排水系统——赣州福寿沟等。

# 第3章 原生态自流灌溉工程——以崇义上堡梯田为例

基于第2章的研究发现，江西省地形除北部较为平坦外，东、西、南部三面环山，中部丘陵起伏，且境内雨水充沛、湿度适宜，故而山体植被茂盛，生态环境良好。宋朝时期，江西外来人口大幅增加，但丘陵地区适合种植的田地不像平原地区那么多，为了解决粮食问题，人们想到了开发大山建造梯田的方式，使在丘陵地带大面积种植水稻成为可能。江西境内梯田分布较为广泛，知名的有：位于江西省东北部上饶市的灵山梯田、婺源县江岭梯田、横峰县葛阳梯田；位于江西省西部萍乡市的武功山梯田、宜春市的仰山梯田；位于江西省南部赣州市的崇义县上堡梯田、宁都县中院梯田；位于江西省中部遂川县的高山梯田。

梯田种植最多的农作物是水稻，一般建在半山腰，一阶一阶错落有致，其灌溉的主要方式为原生态自流灌溉。在对全江西省在用古代水利工程进行调研和比较分析的基础上，选取崇义县上堡梯田作为原生态自流灌溉系统的典型代表，从梯田起源与演变、梯田传统农耕体系、梯田自流灌溉系统等方面进行全面的分析研究；重点针对灌溉水源是实现梯田自流灌溉首要条件，森林土壤是梯田自流灌溉的水源地，通过现场取样和室内试验等方法，分析了上堡梯田区域森林土壤的水源涵养能力，破解梯田无塘无库却可旱涝保收之谜，并与云南红河哈尼梯田、湖南紫鹊界梯田进行对比分析，为古代水利工程对现代农田水利工程设计、建设、管理的启示研究奠定基础。

## 3.1 上堡梯田工程概况

### 3.1.1 区域概况

1. 地理位置

上堡梯田位于东经 113°55′～114°38′，北纬 25°24′～25°54′ 之间，主要分布在罗霄山脉与诸广山脉之间，坐落在海拔为 2061.3m 的齐云山景区内，东接江西省崇义县麟潭乡，南连崇义县丰州乡，西靠湖南省桂东县，北邻崇义县思顺乡，至崇义县城 46km，距赣州市 120km。上堡梯田面积为近 3000hm$^2$，大多为陡坡梯田，规模性连片区位于上堡、思顺和丰州 3 个乡镇，涉及 26 个行政村，面积为 2044hm$^2$；核心区位于上堡乡，涉及 10 个村，共有梯田 1491.13hm$^2$，连片面积较大的梯田群位于上堡乡水南村、赤水村、良和村、正井村等。

2. 地形地貌

上堡梯田地势西高东低，丘陵起伏。以山岳型中山—亚高山地貌为主体，中低山地貌次之；地貌成因类型以花岗岩山岳地貌为主，主体属于“构造切割侵蚀 + 流水侵蚀 + 风化剥蚀”地貌，少量堆积地貌。区域内高山、森林、梯田、村庄、河流景观层次分明，土壤类型以红壤和水稻土为主。

3. 水文

上堡梯田区域内溪河纵横，河流密布，上堡河发源于海拔为 1748m 的赤水仙，流经赤水、上堡至古亭水后汇入陡水水库再进入上犹江和章江，属章江—上犹江—古亭水—上堡河。流域径流的主要来源是降水，降水的时间分布不均，春、夏两季多，秋、冬两季少。径流的地区分布与降水分布规律是一致的，但在年际之间及年内分配不均衡，如丰水年的平均流量为多年平均流量的1.3~1.6倍，枯水年的平均流量为多年平均流量的0.45~0.65倍。月径流量以6月最大，12月最小。由于区内人类干扰较少，水质均为I类。

4. 气象

上堡梯田地处中低纬度，属中亚热带季风湿润气候区，由于地形复杂，气候差异明显。其气候特征是：气候温和，雨量充沛，无霜期长；四季分明，夏季长而无酷热，冬季短而无严寒。根据崇义气象站多年资料统计，多年平均气温为17.9℃，历年最高气温为39.2℃，每年大约有240d以上的气温在舒适气温范围15~18℃内，除3—4月梅雨季节外，其他时间空气湿度都保持在人体舒适湿度范围60%~80%内，适游期达到300d。由此可见，上堡梯田具有良好的气候条件。

### 3.1.2 起源与演变

上堡梯田最早可追溯至先秦时期，源起于秦汉时期，南宋时期初具雏形，盛建于明末，完工于清初，距今已有800多年的历史。据史料记载，唐宋时期就有客家先民迁入崇义境内，对江西梯田的分布记载最早见于《中国农业通史》（宋辽夏金元卷）及宋代范成大的《骖鸾录》中。上堡梯田的历史起源与演变，可以说就是客家先民适应赣南地区山地自然环境、繁衍壮大的过程，同时也充分体现了客家先民与大自然和谐共处、天人合一的关系。

南宋时期，上堡梯田已初具规模。崇义居民为维持生计，开垦山麓及沟谷中较低缓的坡地，梯田在规模上只是一些零星分布的局部小块，并未将地势高的坡地进行开垦。这一时期的主要特点为修建山坡池塘，拦截雨水，将终年不断的山泉溪涧通过水笕沟渠引入梯田。

明朝时期，饱受战乱之苦的闽粤客家人为避倭患，纷纷迁入，为生计所迫必须开山凿田。明代理学家、都御史王守仁撰写的《立崇义县治疏》记载，从广东迁入的客家先民来到这荒山野岭，为了维持生计，便依山建房，开山凿田。坡度平缓处则开垦大田，坡陡狭窄处则开垦小田，甚至沟边坎下石隙之中，无不奋力开凿。从山脚开到山顶，不浪费寸土块石，让它们都变成田地，长出粮食。有些梯田依山势开建（图 3.1-1），有些则连片铺陈。此外，《崇义王氏族谱》、清代同治本《崇义县志》均有所记载。客家人的迁入，给崇义山区的开发带来了丰富的人力资源。明代徐光启的《农政全书》对修梯田也有详尽的描述。其中《水利篇》中记载“均水田间，水土相得……若遍地耕垦，沟亹纵横必减少大川之水”。可见，当时的人们把治水与修筑梯田、治理坡耕地联系在一起。这一时期上堡梯田的规模扩大，已经不是零星分布的局部小块，而是沿坡面修筑的阶阶相连的成片梯田。

图 3.1-1　依山势而建的上堡梯田

清朝是上堡梯田的形成时期，梯田开垦在这一时期基本完成。康熙年间实行了一系列鼓励耕作的政策，使得大量的家族涌迁，迁入的闽粤移民规模达到最高峰。这一时期修筑的梯田不仅是为了获得粮食，更是与治山治水相结合，进一步发挥了梯田的作用。

到了民国时期，客家人继承了清朝时期将修筑梯田与治山治水联系起来的优良传统，并在此基础上形成了引洪漫淤、保水、保土、肥田的梯田技术和理论，如稻草还田、绿肥种植、施人畜粪、种红花草等肥田技术，通过稻田养鱼和稻田养鸭等具有良好的生态和经济效益的种养模式以增加地力、消除杂草害虫。

20 世纪 80 年代后，在合理利用土地与保持水土的前提下，对梯田的修筑开始按照山、水、田、林、草、路综合治理进行规划，修筑方法变得多种多样，如人工修筑、机械修筑等。现如今，上堡梯田形成了在山顶高海拔处种植大片灌木林和竹林，在山腰低海拔处开辟一层又一层的梯田，人居山腰处的基本模式。这种模式将山涧、泉水、沟渠与森林、竹林、梯田、村庄和谐地结合在一起，成为体现天人合一的“森林—村庄—梯田—水系”的生态山地农业体系（图 3.1-2 和图 3.1-3）。

图 3.1-2　上堡梯田“森林—村庄—梯田—水系”和谐体系

随着社会的发展，上堡梯田渐渐闻名全国，以致每年总有众多的摄影家、作家、画家们一次次来到上堡，走进梯田群。如今，更多上堡梯田的元素受到关注，不仅包括其物质景观，也包括其文化景观。2012 年上堡梯田被上海大世界吉尼斯认证为“最大客家梯田”，2013

年被农业部认定为首批“中国美丽田园”，2014 年被农业部评为“中国重要农业文化遗产”，2016 年被农业部列入“全球重要农业文化遗产”预备名单，2018 年在第五次全球重要农业文化遗产国际论坛上，被认定为“全球重要农业文化遗产”。2022 年上堡梯田入选世界灌溉工程遗产。

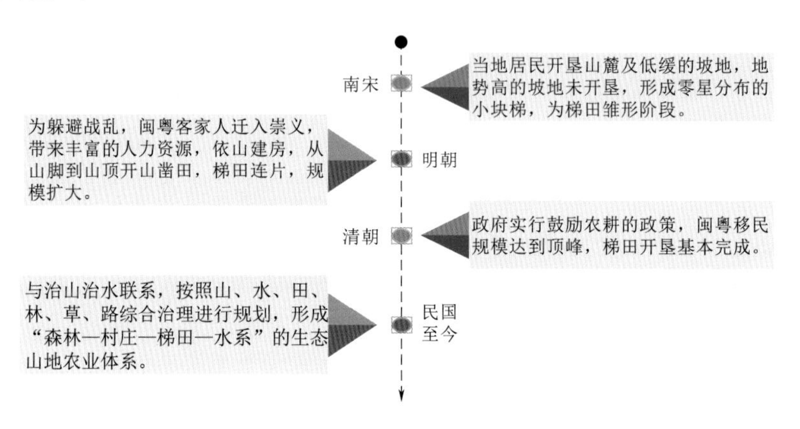


图 3.1-3 上堡梯田起源与演变过程

## 3.1.3 梯田传统农耕体系

由于独特的地形和气候条件，在长达 800 多年的耕种过程中，崇义上堡梯田形成了独具特色的传统农耕体系，并世代传承一直延续至今。其能一直延续的最重要原因，就是在长期的生产劳作实践过程中，崇义上堡梯田形成了自己的传统农耕知识，形成了一套较为完备的指导耕作、施肥、病害防治的农事操作知识体系和科学合理的梯田修建、维护保养等技术体系，并将其融入各类农事活动中，开创了其独特的水土管理方式，使梯田系统成为传统农耕经验的实践样本。

### 3.1.3.1 修建与维护技术

上堡梯田是由畲田发展而来的。畲田是一种比较原始的山地开发利用方式，畲田由于没有修建田埂，也无任何田间管理，因此畲田水土流失情况比较严重。为解决水土流失问题，客家农民对畲田进行了改造处理，通过挖高补低，将畲田中多余的田泥用作堆垒田埂，对于一些地势高、水源不便的田块，农民在梯田顶端建造陂塘或保留原始森林，用来蓄存灌溉水源。崇义上堡梯田自古就有“山有多高、水有多高，水有多高、田就有多高”的说法，梯田上方山体中源源不断的渗水是梯田灌溉的主要水源，加之通过人工修建的灌溉水渠或简易的输送管道，最终将雨水与山泉水引入农田。梯田之间通常采用自流漫灌方式对水资源进行调配，其突出的特点是灌溉水源的地势要比灌溉田地高，能充分利用自然高差所形成的势能，不需要额外消耗机械能就可以完成灌溉[88]。梯田修建完成之后，梯田田埂由于容易受暴雨径流冲刷，加之冬冻春融、鼠害穿洞、人畜踩踏等易造成坍塌、溃口，要随时对田埂进行日常检查和常规修整加固（图 3.1-4）。

图 3.1-4 上堡梯田的形成与维护

在梯田的维护方面，客家人自古就重视对梯田顶端森林的保护，在山林私有的时期就对山林进行了有效的管理。山主严格保护用材林，间伐残次林做薪柴，无山的人家须经山主同意方可入山砍柴。宗族众山、村落的水口山以及梯田的灌溉水源由宗族进行严格的管理。正源唐姓在清康乾时期组织了“禁山会”，公举执事若干人专事巡山督查，防止滥砍、盗伐。“禁山会”向各户征集“头钱”购置田产，将田产放租以收取租谷，其租谷除完税所余即用作“禁山会”的各种开支。正是这种严格的保护，才使得梯田顶端的竹林成为一个大的“蓄水池”，保证了梯田水稻用水的充足。

#### 3.1.3.2 水土资源利用与管理

数百年来，上堡梯田一般一年只种一季水稻，即采用一年一熟的“稻—闲”耕作制。春节一过、惊蛰一到便开始一年的耕作。梯田受海拔、阳光、气候等因素影响，海拔越高，环境温度越低，水稻需要的生长时间越长，因此必须早种晚收，而且海拔越高、产量越低。当地素有在水稻田埂边种植大豆和玉米等旱作物的习惯，不仅可以充分利用土地，也有利于改善土壤肥力，促进水旱作物双丰收。总体上看，“稻—闲”耕作制模式占70%，水旱轮作模式占30%。

20世纪初，崇义只有个别田块采用一年两熟的“稻—稻—闲”耕作制，个别土质好的地区才实行少量的一年三熟的“稻—稻—油菜（蚕豆）”或“稻—稻—肥（萝卜青）”耕作制。20世纪60年代，各地开始推广早稻，实行“早稻—二晚稻—绿肥、油菜”耕作制，一年可收获三次作物。崇义上堡梯田区水田耕作制度有“稻—稻—肥（红花草）”耕作制、“稻—稻—油（油菜）”耕作制、“稻—稻—豆（蚕豆）”耕作制、“稻—稻—闲”耕作制、“稻—闲”耕作制等。梯田田块由于呈现出阶梯形式，其通风透光条件好，这对农作物的生长和营养物质的积累非常有利。

上堡梯田以上区域覆盖具有涵养水土功能的森林植被，茂密的森林植被通过对雨水进行吸收和过滤，储藏了丰富的水资源，确保了梯田灌溉水源。森林植被是整个梯田生态系统不可或缺的一部分，具有蓄水、保土、减洪、增产等多位一体功能，作为坡耕地水土流失治理的重要措施，其作用十分显著。因此，“山有多高，水有多高，田有多高”的说法，体现了梯田上部区域植被的良好纳水条件。此外，当地人还在山顶种植具有较好蓄水能力的毛竹来提高水源涵养能力，不仅预防了水土流失，同时还确保了梯田种植作物的用水量。

# 3.2 上堡梯田灌溉技术

上堡梯田在长期的生产实践过程中形成了“森林—村庄—梯田—水系”为一体的生态山地农业体系。该体系围绕水系统这个核心，通过物质流动和能量循环系统形成了一个具有良好景观空间结构和动态协调性的生态系统[89]。作为一种水土保持措施，它具有保水保土、防治水土流失的功能。

## 3.2.1 自流灌溉系统组成

上堡梯田自流灌溉系统主要由蓄水工程、灌排渠系和控制设施三部分组成。

1. 蓄水工程

要实现梯田的自流灌溉，首要条件是必须要有灌溉水源。上堡梯田区域无塘无库，却有源源不断的水流，其蓄水工程就是位于梯田上方的森林生态系统（图 3.2-1）。

（a）山顶植被丰富

（b）山坡竹林茂密

图 3.2-1 上堡梯田水源涵养林

森林的综合水源涵养能力包括三部分：林冠层的水源涵养能力、枯落物层的水源涵养能力和林下土壤层的水源涵养能力。森林生态系统的三个作用层共同作用，提高了林地及其土壤的蓄水和渗透能力，保证了梯田的灌溉水源。林冠层的水源涵养能力一般很小，通常不到枯落物水源涵养能力的百分之一和土壤层水源涵养能力的万分之一。森林植被和土壤是森林生态系统涵养水源功能的主体，只有同时具备良好的森林植被和深厚的土壤，才会具有较大的水文生态功能和较高的水文生态效益。因此，梯田区域的森林、土壤被形象比喻为“天然水库”，是梯田灌溉水源的天然的非人工建设的蓄水工程（图 3.2-2）。崇义上堡梯田水源涵养的总量达到 74.8 亿 $m^3$，见表 3.2-1，水源涵养作用显著[90]。

（a）山体地下水　　（b）岩石裂隙渗水

图 3.2-2　上堡梯田灌溉水源

表 3.2-1　崇义上堡梯田的水源涵养量

| 项目 | 面积 /$hm^2$ | 水源涵养量 / 亿 $m^3$ |
| --- | --- | --- |
| 水田 | 4440.17 | 6.52 |
| 旱地 | 254.04 | 0.373 |
| 草地 | 443.62 | 0.652 |
| 园地 | 229.17 | 0.337 |
| 林地 | 45541.12 | 66.9 |
| 总计 | 50908.12 | 74.78 |

2. 灌排渠系

上堡梯田灌溉输水方式根据不同地形条件主要采用架设竹笕、埋设管道、修建水渠和借田输水等方式（图 3.2-3 ～ 图 3.2-5）。由于受地形条件限制，同时也为了尽量不破坏森林植被，在梯田上方的山林中主要采用竹笕输水、开挖简易沟槽或者依靠其天然的地形实现输水；在山林和梯田之间，主要通过埋设管道和修建水渠来实现将灌溉水源输送到梯田中；在梯田与梯田之间，主要通过建水渠和借田输水等方式完成水流灌溉。由于梯田独特的地形条件，梯田与梯田之间的输水方式常采用借田输水，不仅省时省力，而且科学有效。

（a）竹笕和天然地形输水

（b）竹笕输水

（c）简易沟槽输水

图 3.2-3　上堡梯田山林中的输水方式

（a）管道输水

（b）管道和水渠输水

图 3.2-4（一）　山林和梯田之间的输水方式

（c）水渠输水

图 3.2-4（二）　山林和梯田之间的输水方式

（a）水渠输水

（b）借田输水1

（c）借田输水2

图 3.2-5　上堡梯田梯田间输水方式

此外，土壤孔隙作为梯田自流灌溉系统中的微型灌排系统（图 3.2-6），在完成梯田水源灌溉过程中也起到了重要作用。上堡梯田表层土壤主要为花岗岩经风化后形成的砂壤土，渗水性能较好，雨水流入土壤后，顺土壤内部结构孔隙沿山体坡面缓慢渗透，连绵不断的山坡土体就像一张覆盖在山坡的输水网络。仔细观察，每一条石缝岩隙里都有细细泉水渗出，每一个土坎下方都有数不清的晶莹剔透的水滴流出，这些渗水口像设置在塘堰的放水涵，又像分布在河坝的引水口。

这些渗水口还像均匀分布在山体坡面上米筛之孔，昼夜不停地向坡面外吐露甘泉玉珠，源源不断滋润着梯田中的禾苗。

图 3.2-6　上堡梯田微型灌排系统

3. 控制设施

在上堡梯田自流灌溉系统中，当地农民根据灌溉水量的多少在水渠的不同位置开凿不同大小的分水口来解决田块之间的水量分配问题，同时通过放置不同大小的石块来调节过流量，如图 3.2-7 所示；在埋设的输水管道上，在不同节点位置上设置了小型手动闸阀来控制过流量，如图 3.2-8 所示。近年来修建的混凝土水渠中，在分水口设计了门槽放置简易闸门（一般为木闸门）来控制过流量，如图 3.2-9 所示。

（a）分水口石块控制1

（b）分水口石块控制2

图 3.2-7　上堡梯田水渠分水口石块控制

（a）管道闸阀控制1　　（b）管道闸阀控制 2

图 3.2-8　上堡梯田闸阀控制

图 3.2-9　上堡梯田水渠闸门槽

## 3.2.2　自流灌溉系统影响因素

森林植被作为蓄水之库为梯田提供了充足的水源，地质土壤的保水与入渗功能为梯田蓄存水分和输送水量提供了条件；此外，独特的山区气候和当地人民科学合理的耕作方式，均为保证梯田自流灌溉系统经久不息地运行起到了重要作用。因此，影响梯田自流灌溉系统的因素可概括为地形地貌、地质土壤、气候条件和人类活动。

1. 地形地貌

崇义上堡梯田分布在齐云山东南方向的延伸山脉上，受地形抬升和位于阳坡中部的“暖带”影响，在崇义上堡梯田遗产范围内，山地气候明显，热量与水资源相对充足，作物受霜冻害和旱灾影响的机会较少，是山区农作物生长的“安全带”。森林与梯田相互交织，森林截留、涵养水源的生态功能，维持并促进了梯田的发展；而梯田对水源的需求反过来作用于水源地森林的保护和发展，从而呈现出梯田重要的生态功能价值和生物多样性价值。

梯田上部山坡一般较陡，较大的坡度加大了重力对水流的作用，进而加快了地下径流的流速，使储存于地下“隐形水库”中的水流能够相对快速和容易地从隙泉与渗水口中渗出，对梯田进行地下灌溉；另外，由中、小地形起伏形成的多条山间细沟，与坡面细沟一道，共同构成了梯田自流灌溉输水与排水系统的重要组成部分，保证了梯田的地面灌溉效果。受地形条件限制，梯田田块面积一般很小，平面呈狭长形，这决定了梯田基本只能采用锄耕模式，锄耕模式不会破坏田块耕作层和隔水层，起到保水作用。

2. 地质土壤

梯田自流灌溉系统的形成，其独特的地质土壤条件也是重要的影响因素，一方面要具备蓄存水分的能力；另一方面也可以实现水分输送。与湖南紫鹊界梯田地质条件类似，上堡梯田区域土壤与基岩界面似一块花岗岩磐石，地表以下完整无缝，如一块不透水的塘底，渗入地下的水流只能通过山腰坡地渗出。梯田区土壤剖面由上至下依次由耕作土层、黄壤土层、残积层和母质层组成（图 3.2-10）。耕作土层为保水性能较好的黏性土，黄壤土层为弱透水层，残积层渗透性较好，母质层为不透水的花岗岩。这样的地质条件，一方面使渗入地下的水流均会被存储在黄壤土层、残积层中，进而形成含水量丰富的地下“隐形水库”；另一方面，黄壤土层的弱透水性，不仅使存储于地下“隐形水库”中的水流通过无数个分布于梯田田坎的隙泉和渗水口中渗出成为了可能，而且还限制了水流渗出的

图 3.2-10　上堡梯田土层剖面图

速度，使“隐形水库”中的水量不至于在下一次降水来临之前的短时期内“渗完”，从而保障了旱季梯田地下灌溉的时长。

3. 气候条件

上堡梯田位于中亚热带季风性湿润性气候，四季分明，春秋温凉，冬无严寒，夏无酷暑，年降水量为1627mm，雨量充足，平均相对湿度为81%。此外，梯田区独特的地形地貌对区域小气候具有调节作用。上堡梯田的气候调节功能主要体现在调节温度和空气湿度等方面。山顶森林和竹林截留、储存天然的降水，形成泉水密布的高山湿地，湿地的水以溪流、山泉的形式流入村庄、梯田，而大面积的水田和河流的水分蒸发后在空中形成云雾，又以雨水的形式回灌山地与河谷，形成了一个优良的水利灌溉循环系统，有效减小了洪涝、干旱灾害对水稻产生的影响。林地、竹林和梯田构成的良好小气候环境，有利于整个崇义上堡梯田系统保持丰富的水源，是崇义上堡梯田应对夏秋季节性干旱的重要保障。

4. 人类活动

人们科学合理的梯田耕作、保养方式等都对梯田自流灌溉过程有着重要影响。因梯田坡度较大、田块面积窄小，梯田耕作不能采用现代机械，只能保持传统的锄耕方式，这样不会对梯田底部起隔水作用的保水薄层造成破坏，且人们在耕作过程中比较注重表层耕作土的均匀细密，有利于土壤水分的均衡分布。为保证梯田的保肥保水能力，人们通常一年只种一季稻，其余时间基本处于休耕状态，休耕时往往保持梯田水满田畴，以防止梯田土层干裂破坏保水层。当地农民特别注重田埂质量，田埂虽窄，但砌筑密实，严格做好防渗与黏土抹面；同时，为不让动物如老鼠、鳝鱼、泥鳅打洞钻孔，造成田埂渗漏，农民夜晚还照灯火细心检查田间是否有鳝鱼、泥鳅等破坏田埂。此外，由于梯田独特的地形条件，自流灌溉方式大多采用借田而过，即通过田埂开口将分布于同一坡面的梯田串接起来，形成类似“长藤结瓜”[91]的灌溉模式。借田而过的灌溉方式可充分利用水资源，实现“开源”“节流”，充分体现了劳动人民的勤劳与智慧。

### 3.2.3 区域森林土壤涵养水源功能分析

涵养水源是森林生态系统的重要功能之一，主要体现在森林植被层、枯落物层及土壤层等对水分的调蓄与再分配过程中。其中枯落物层和土壤层作为水源涵养效应的第二层和第三层，其持水量约占林分水源涵养能力的85%，是林分涵养水源的主体[92-93]。上堡梯田自上而下的景观结构呈现出“森林—村庄—梯田—水系”四素同构的垂直空间分布模式，是结构合理、功能完备、自我调节能力强的复合农业生态系统。上方茂密的森林是上堡梯田原生态自流灌溉系统重要的水源地，其形成的无数山泉、溪流、水潭，依地势流入村落和梯田，保障生活生产用水。为研究上堡梯田区森林土壤涵养水源能力，2019 年 3 月，在研究区的森林内沿海拔高度选取了 4 个试验样地，同时也选取了 1 个梯田田块样地作为比对，调查记录各样地的林分类型、经纬度、海拔、坡位等基本信息。各样地基本情况见表 3.2-2。

表 3.2-2　上堡梯田样地基本情况

| 样地编号 | 林分类型 | 经度 | 纬度 | 海拔 /m | 坡位 | 土壤类型 |
|---|---|---|---|---|---|---|
| Ⅰ | 杉木林 | 114°1′34″ | 25°45′45″ | 621 | 下坡 | 灰黄壤 |
| Ⅱ | 毛竹林 | 114°1′36″ | 25°45′44″ | 676 | 中坡 | 灰壤 |
| Ⅲ | 毛竹林 + 杉木林 | 114°1′41″ | 25°45′45″ | 752 | 中上坡 | 黄壤 |
| Ⅳ | 杉木林 | 114°1′41″ | 25°45′45″ | 765 | 上坡 | 黄红壤 |
| Ⅴ | 梯田田块 | 114°1′33″ | 25°45′42″ | 617 | 下坡 | 灰黄壤 |

#### 3.2.3.1 枯落物水源涵养功能

1. 枯落物储量测定

在试验样地内布设 1m × 1m（用专制的铁框界定）的样方 5 个，在样方内，用钢尺对枯落物未分解层厚度和半分解层厚度进行测量并记录；按未分解层和半分解层两种类型将枯落物分别收集并装入储物袋中，带回实验室称量其生物量并记录，即可得该地块单位面积的枯落物储量。上堡梯田试验区森林枯落物储量情况见表3.2-3。

从枯落物层厚度来看，各林分样地均呈现出未分解层厚度大于半分解层厚度的分布。试验样地枯落物总厚度为3.0～8.6cm，其中未分解层枯落物厚度为2.7～6.0cm，半分解层枯落物厚度为0.3～2.6cm。各林分样地枯落物总厚度大小顺序为Ⅲ > Ⅱ > Ⅰ > Ⅳ，样地Ⅲ的枯落物厚度是样地Ⅳ的2.87倍，表现出毛竹林地枯落物厚度大于杉木林枯落物厚度。各样地枯落物的储量差异也较大，总储量范围为3.29～13.19t/hm$^2$，大小顺序为Ⅲ > Ⅰ > Ⅱ > Ⅳ。据此，不同林分样地枯落物总储量整体上随枯落物总厚度的增加而增大，呈现出一定的正相关关系。但从各层次枯落物的储量来看，其与各层次枯落物的厚度并未呈现出正相关关系。如样地Ⅰ的未分解层枯落物厚度3.1cm大于半分解层厚度1.1cm，但半分解层枯落物储量占总储量的69.26%，是未分解层的2.25倍。

表3.2-3　上堡梯田试验区森林枯落物储量

| 样地编号 | 总厚度/cm | 总储量/(t/hm$^2$) | 未分解层 | | | 半分解层 | | |
|---|---|---|---|---|---|---|---|---|
| | | | 厚度/cm | 储量/(t/hm$^2$) | 占总储量/% | 厚度/cm | 储量/(t/hm$^2$) | 占总储量/% |
| Ⅰ | 4.2 | 6.18 | 3.1 | 1.90 | 30.74 | 1.1 | 4.28 | 69.26 |
| Ⅱ | 4.5 | 4.89 | 2.8 | 2.45 | 50.10 | 1.7 | 2.44 | 49.90 |
| Ⅲ | 8.6 | 13.19 | 6.0 | 9.73 | 73.77 | 2.6 | 3.46 | 26.23 |
| Ⅳ | 3.0 | 3.29 | 2.7 | 1.98 | 60.18 | 0.3 | 1.31 | 39.82 |

2. 枯落物持水能力

采用室内浸泡法测定枯落物的持水量。将取回的枯落物在85℃下烘干后称重，测定其干重量并记录，将烘干称重后的枯落物样品分别装入尼龙袋，在清水中浸泡 24h 后称重，计算枯落物未分解层和半分解层的自然含水率、最大含水率、最大持水量和有效持水量。计算公式为

$$R_0=(G_0-G_d)/G_d\times100 \tag{3.2-1}$$

$$R_{hmax}=(G_{24}-G_d)/G_d\times100 \tag{3.2-2}$$

$$W_{hmax}=R_{hmax}M/10 \tag{3.2-3}$$

式中：$G_0$、$G_d$、$G_{24}$ 分别为枯落物样品自然状态的质量、烘干状态的质量和浸水 24h 后的质量，g；$R_0$、$R_{hmax}$ 分别为枯落物自然含水率、最大持水率，%；$M$ 为枯落物层储量，t/hm$^2$；$W_{hmax}$ 为枯落物最大持水量，mm。

经计算，上堡梯田试验区森林枯落物自然持水能力和最大持水能力分别见表 3.2-4 和表 3.2-5。

表 3.2-4 上堡梯田试验区森林枯落物自然持水能力

| 样地编号 | 储量 /（t/hm$^2$） | 自然持水率 /% | | | 自然持水量 /（t/hm$^2$） | | | 相当于水深 /mm |
|---|---|---|---|---|---|---|---|---|
| | | 未分解层 | 半分解层 | 平均 | 未分解层 | 半分解层 | 总计 | |
| Ⅰ | 6.18 | 95.93 | 59.50 | 77.72 | 1.82 | 2.55 | 4.37 | 0.44 |
| Ⅱ | 4.89 | 52.92 | 71.92 | 62.42 | 1.30 | 1.75 | 3.05 | 0.31 |
| Ⅲ | 13.19 | 65.28 | 77.84 | 71.56 | 4.17 | 2.69 | 6.86 | 0.69 |
| Ⅳ | 3.29 | 63.01 | 115.53 | 89.27 | 1.25 | 1.51 | 2.76 | 0.28 |

试验区各林分类型枯落物的自然持水率范围为 124.84%~178.54%，表现为杉木林的枯落物自然持水率大于毛竹林，样地Ⅳ的枯落物自然持水率最大，为 178.54%。样地Ⅲ的枯落物自然持水量最大，为 6.86t/hm$^2$，相当于 0.69mm 的降雨水深。实验区各林分类型枯落物自然持水量大小排序为Ⅲ > Ⅰ > Ⅱ > Ⅳ，与枯落物总储量大小排序一致，说明储量对枯落物持水量的大小影响较大。

表 3.2-5　上堡梯田试验区森林枯落物最大持水能力

| 样地编号 | 储量 /（t/hm²） | 最大持水率 /% | | | 最大持水量 /（t/hm²） | | | 相当于水深 /mm |
|---|---|---|---|---|---|---|---|---|
| | | 未分解层 | 半分解层 | 平均 | 未分解层 | 半分解层 | 总计 | |
| Ⅰ | 6.18 | 170.14 | 79.47 | 124.81 | 3.23 | 3.40 | 6.63 | 0.66 |
| Ⅱ | 4.89 | 127.67 | 124.13 | 125.90 | 3.14 | 3.02 | 6.16 | 0.62 |
| Ⅲ | 13.19 | 119.44 | 120.21 | 119.83 | 8.17 | 4.15 | 12.32 | 1.23 |
| Ⅳ | 3.29 | 161.78 | 181.76 | 171.77 | 3.20 | 2.38 | 5.58 | 0.56 |

不同林分类型枯落物最大持水性能不同，而枯落物持水性能与枯落物的成分、外界环境有关，也同枯落物的分解程度有关。枯落物层厚度大、储量多、分解程度高，则其吸持水分的性能就好。从表 3.2-5 可以看出，试验地各林分类型枯落物最大持水率为 249.61%~343.54%，平均值为 119.83%~171.77%，即这几种林分枯落物最大吸持的水量可达其干重的 2.5~3.43 倍，样地Ⅳ的最大持水率为这四种林分中最大的。各林分样地枯落物最大持水量为 5.58~12.32t/hm$^2$，其相当于 0.56~1.23mm 的降雨水深，大小排序为Ⅲ > Ⅰ > Ⅱ > Ⅳ，与枯落物总储量大小排序一致，即样地Ⅲ枯落物的最大持水量最大，是样地Ⅳ的 2.21 倍。通过比对各林分样地枯落物的最大持水率和最大持水量之间的关系可知，其变化规律不尽相同，这主要是由于森林枯落物的最大持水量不仅与枯落物的最大持水率有关，还与枯落物本身的厚度、性质、分解程度及储量等多种因素有关。

3. 枯落物有效拦蓄能力

最大持水量并不代表枯落物对降雨的截留量，它只能反映枯落物的持水能力大小，用最大持水率来估算枯落物对降雨的拦蓄能力则偏高，不符合它对降雨的实际拦蓄效果。有效拦蓄量可用来估算枯落物对降雨的实际拦蓄能力，其与枯落物数量、水分状况、降雨特性有关[91]。据雷瑞德的研究，当降雨量达到20~30mm以后，不论何种植被类型的枯落物及其含水量高低，实际持水率均为最大持水率的85%左右[92-93]。因此，枯落物的有效持水率和有效持水量按以下公式计算：

$$R_{sv}=0.85R_{hmax}-R_0 \tag{3.2-4}$$

$$W_{sv}=R_{sv}M/10 \tag{3.2-5}$$

式中：$R_0$、$R_{hmax}$、$R_{sv}$ 分别为枯落物自然含水率、最大持水率和有效拦蓄率，%；$M$ 为枯落物层储量，t/hm²；$W_{sv}$ 为枯落物层有效持水量，mm。

经计算，上堡梯田试验区森林枯落物有效拦蓄能力见表3.2-6。

未分解层枯落物的有效拦蓄率大小排序为Ⅳ > Ⅱ > Ⅰ > Ⅲ，半分解层枯落物的有效拦蓄率大小排序为Ⅳ > Ⅱ > Ⅲ > Ⅰ，两者存在一定的差异，这与未分解层和半分解层枯落物的最大持水率和初始含水率是分不开的。同时由于各层枯落物的储量不同，导致枯落物的有效拦蓄水量的变化规律也不同。有效拦蓄水量方面，样地Ⅲ未分解层枯落物有效拦蓄水量最大，为2.78t/hm²；半分解层枯落物有效拦蓄水量也是最大的，为0.84t/hm²。由于样地Ⅲ枯落物储量是最大的，但其初始含水率不是最高的，所以其有效拦蓄水量相对来说是较大的。

表3.2-6 上堡梯田试验区森林枯落物有效拦蓄能力

| 枯落物层 | 样地编号 | 储量/(t/hm²) | 有效拦蓄率/% | 有效拦蓄量/(t/hm²) | 相当于水深/mm |
|---|---|---|---|---|---|
| 未分解层 | Ⅰ | 1.90 | 48.68 | 0.92 | 0.09 |
| | Ⅱ | 2.45 | 55.60 | 1.37 | 0.14 |
| | Ⅲ | 9.73 | 36.24 | 2.78 | 0.28 |
| | Ⅳ | 1.98 | 74.51 | 1.48 | 0.15 |

续表

| 枯落物层 | 样地编号 | 储量/(t/hm$^2$) | 有效拦蓄率/% | 有效拦蓄量/(t/hm$^2$) | 相当于水深/mm |
|---|---|---|---|---|---|
| 半分解层 | Ⅰ | 4.28 | 8.05 | 0.35 | 0.04 |
| | Ⅱ | 2.44 | 33.59 | 0.82 | 0.08 |
| | Ⅲ | 3.46 | 24.34 | 0.84 | 0.08 |
| | Ⅳ | 1.31 | 38.96 | 0.51 | 0.05 |

#### 3.2.3.2 森林土壤水源涵养能力

1. 土壤样品采集

在每个样地挖掘好的土壤剖面内，按0～20cm、20～40cm、40～60cm这3个层次用环刀取原状土样，分析测定土壤容重、孔隙度、含水率和土壤渗透性能等物理性质，每层取3个重复样。

2. 土壤物理性质测定

土壤容重和孔隙度测定采用环刀法，土壤含水率测定采用恒温箱烘干法[94-95]。土壤容重和孔隙度计算公式如下：

$$\rho_t = \frac{G}{V(1+w)} \tag{3.2-6}$$

$$\varphi = 1 - \frac{\rho_t}{\rho_s} \tag{3.2-7}$$

$$\varphi_1 = \frac{G_z - G_h - G_s}{V} \tag{3.2-8}$$

$$\varphi_2 = \varphi - \varphi_1 \tag{3.2-9}$$

式中：$\rho_t$为土壤容重，g/cm$^3$；$G$为环刀内原状土样质量，g；$V$为环刀容积，cm$^3$；$w$为原状土含水率，%；$\varphi$、$\varphi_1$、$\varphi_2$分别为总孔隙度、毛管孔隙度和非毛管孔隙度，%；$\rho_s$为土壤容重；$G_z$为吸水3h后环刀土样总质量，g；$G_h$为环刀重，g；$G_s$为环刀内干土质量，g。

土壤通气孔隙度计算公式为

$$P = \varphi - w\rho_t \tag{3.2-10}$$

式中：$P$为土壤通气孔隙度，%；其余符号物理意义同前。

根据现场采集的土壤样品，通过室内实验及相关计算，得到梯田实验区各林样地土壤物理特性，见表3.2-7。

表3.2-7　梯田实验区各林样地土壤物理特性

| 样地编号 | 土层深度/cm | 含水率/% | 容重/（g/cm$^3$） | 孔隙度/% | | | 通气孔隙度/% |
|---|---|---|---|---|---|---|---|
| | | | | 毛管 | 非毛管 | 总计 | |
| Ⅰ | 0～20 | 35.34 | 1.24 | 43.53 | 3.97 | 47.50 | 3.68 |
| | 20～40 | 21.46 | 1.52 | 21.98 | 11.58 | 33.56 | 0.94 |
| | 40～60 | 23.65 | 1.57 | 36.94 | 0.29 | 37.23 | 0.10 |
| Ⅱ | 0～20 | 35.03 | 1.06 | 37.14 | 17.17 | 54.31 | 17.17 |
| | 20～40 | 26.59 | 1.28 | 33.55 | 10.76 | 44.31 | 10.27 |
| | 40～60 | 23.82 | 1.43 | 33.81 | 5.31 | 39.13 | 5.06 |
| Ⅲ | 0～20 | 36.53 | 1.13 | 41.25 | 5.67 | 46.92 | 5.64 |
| | 20～40 | 25.99 | 1.52 | 39.62 | 0.13 | 39.75 | 0.25 |
| | 40～60 | 23.19 | 1.55 | 35.94 | 0.18 | 36.12 | 0.18 |
| Ⅳ | 0～20 | 37.02 | 1.08 | 39.93 | 12.45 | 52.38 | 12.40 |
| | 20～40 | 26.82 | 1.43 | 38.24 | 3.04 | 41.28 | 2.92 |
| | 40～60 | 28.73 | 1.33 | 38.28 | 3.51 | 41.79 | 3.58 |
| Ⅴ | 0～20 | 47.94 | 1.02 | 49.05 | 4.16 | 53.22 | 4.32 |
| | 20～40 | 29.62 | 1.51 | 44.72 | 0.43 | 45.15 | 0.42 |
| | 40～60 | 24.11 | 1.58 | 38.14 | 0.57 | 38.71 | 0.62 |

由表3.2-7可知，梯田试验区森林土壤不同土层土壤的容重变化情况如下：0～20cm土层土壤容重为1.02～1.24g/cm$^3$，20～40cm土层土壤容重为1.28～1.52g/cm$^3$，40～60cm土层土壤容重为1.33～1.58g/cm$^3$。由此可以看出，土壤容重基本上是随着土层的深度的增加而增大，即表层土壤较为疏松，深层土壤则较为紧密。这主要是由于表层土壤易受外界环境影响，水流的冲刷及枯落物腐烂分解后形成的腐殖质与黏粒结合形成微团聚体，都使表层土体变得疏松透水。深层土壤由于有机质含量较低，土壤的团聚性就弱，增强了深层土壤的紧实度。

土壤孔隙度反映了土壤的通透性程度，是决定土壤涵养水源能力的一个最关键的指标。对森林生态系统而言，毛管孔隙度的大小体现了森林植被吸持水分以保证自身生长发育的能力，而非毛管孔隙度的大小则体现了森林植被蓄存水分涵养水源及削减洪水的能力。从表3.2-7可以看出，土壤孔隙度整体上是随着土层深度的增加而递减，其中0～20cm土层土壤毛管孔隙度为37.14%～49.05%，非毛管孔隙度为3.97%～17.17%；20～40cm土层土壤毛管孔隙度为21.98%～44.72%，非毛管孔隙度为0.13%～11.58%；40～60cm土层土壤毛管孔隙度为33.81%～38.28%，非毛管孔隙度为0.18%～5.31%。从土壤孔隙度随土层深度的变化规律来看，也说明了表层土壤疏松而多孔，深层土壤密实而少隙。试验样地森林区土壤的毛管孔隙度差别不大，平均值为34.15%～38.94%，整体上呈现出高海拔土壤毛管孔隙度要大于低海拔土壤毛管孔隙度。梯田田块土壤毛管孔隙度最大，为43.97%，大于森林区土壤毛管孔隙度。各试验样地土壤毛管孔隙度均值大小排序为Ⅴ＞Ⅲ＞Ⅳ＞Ⅱ＞Ⅰ。各试验样地土壤总孔隙度平均值为39.43%～45.92%，由于土壤毛管孔隙度占总孔隙度的比例达70%以上，占比较大，因此各试验样地土壤总孔隙度的变化规律情况与毛管孔隙度基本一致。

3. 土壤持水能力

土壤持水量计算公式如下：

$$Q_z = 10000\varphi d \tag{3.2-11}$$

$$Q_1 = 10000\varphi_1 d \tag{3.2-12}$$

$$Q_2 = 10000\varphi_2 d \tag{3.2-13}$$

式中：$Q_z$、$Q_1$、$Q_2$分别为土壤饱和持水量、毛管持水量和非毛管持水量，$t/hm^2$；$d$为土层厚度，m；其余符号物理意义同式（3.2-7）～式（3.2-9）。

结合土壤孔隙度计算结果，可计算得到梯田试验区森林土壤的持水能力，见表3.2-8。林地土壤持水能力是评价森林涵养水源功能的一个重要指标，其大小与土壤孔隙度及土壤层厚度有关。不同林地土壤孔隙度存在差异，林地的持水能力也就不同。由表3.2-8可知，从土壤饱和持水量的均值来看，不同林分类型、不同海拔高度的土壤持水能力不同，其大小顺序为Ⅱ > Ⅴ > Ⅳ > Ⅲ > Ⅰ，样地Ⅱ的最大持水能力是样地Ⅰ的 1.16 倍，说明试验区毛竹林地的最大持水能力要大于杉木林地；梯田田块土壤的最大持水能力也较大，从表 3.2-8 中数据看，其等同于样地Ⅱ的最大持水能力。土壤有效持水量的大小则取决于土壤非毛管孔隙度的大小，一般将非毛管持水量即有效持水量作为评价土壤实际涵养水源能力的基本标准。根据表 3.2-8，试验样地土壤有效持水量的均值大小顺序为Ⅱ > Ⅳ > Ⅰ > Ⅲ > Ⅴ，样地Ⅱ的有效持水能力是样地Ⅴ的 6.44 倍，反映了竹林地土壤的有效持水能力相对要强。60cm 的土层中，土壤有效持水量的大小顺序为Ⅱ（664.80t/hm$^2$）> Ⅳ（380.00t/hm$^2$）> Ⅰ（316.80t/hm$^2$）> Ⅲ（119.60t/hm$^2$）> Ⅴ（103.20t/hm$^2$），即毛竹林地土壤的有效持水能力远大于杉木林地。

表 3.2-8 梯田试验区森林土壤持水能力

| 样地编号 | 土层厚度 /cm | 有效持水量 /（t/hm$^2$） | | |
|---|---|---|---|---|
| | | 毛管 | 非毛管 | 饱和 |
| Ⅰ | 0~20 | 870.60 | 79.40 | 950.00 |
| | 20~40 | 439.60 | 231.60 | 671.20 |
| | 40~60 | 738.80 | 5.80 | 744.60 |
| | 均值 | 683.00 | 105.60 | 788.60 |
| Ⅱ | 0~20 | 742.80 | 343.40 | 1086.20 |
| | 20~40 | 671.00 | 215.20 | 886.20 |
| | 40~60 | 676.20 | 106.20 | 782.60 |
| | 均值 | 696.67 | 221.60 | 918.33 |
| Ⅲ | 0~20 | 825.00 | 113.40 | 938.40 |
| | 20~40 | 792.40 | 2.60 | 795.00 |
| | 40~60 | 718.80 | 3.60 | 722.40 |
| | 均值 | 778.73 | 39.87 | 818.60 |

续表

| 样地编号 | 土层厚度 /cm | 有效持水量 / （t/hm²） | | |
|---|---|---|---|---|
| | | 毛管 | 非毛管 | 饱和 |
| Ⅳ | 0～20 | 798.60 | 249.00 | 1047.60 |
| | 20～40 | 764.80 | 60.80 | 825.60 |
| | 40～60 | 765.60 | 70.20 | 835.80 |
| | 均值 | 776.33 | 126.67 | 903.00 |
| Ⅴ | 0～20 | 981.00 | 83.20 | 1064.40 |
| | 20～40 | 894.40 | 8.60 | 903.00 |
| | 40～60 | 762.80 | 11.40 | 774.20 |
| | 均值 | 879.40 | 34.40 | 913.87 |

4. 土壤渗透性能

土壤渗透性能采用野外原位双环法测定。土壤初渗速率以开始1min时的入渗速率为标准，稳渗率采用以下公式计算[96]：

$$R_s = (0.42\Delta h) / \Delta t(0.7 + 0.03T) \quad (3.2\text{-}14)$$

式中：$R_s$ 为 10℃标准水温时土壤的入渗速率，mm/min；$\Delta h$ 为某$\Delta t$ 时段水桶读数差值，mm；$\Delta t$ 为时段，min；$T$ 为某时段的平均水温，℃。

表 3.2-9 列出了各试验样地土壤初渗率和稳渗率的值。从表 3.2-9 可以看出，土壤的初渗率和稳渗率整体上随土层深度的增加而减小，在 0～20cm、20～40cm、40～60cm 三个不同深度土壤初渗率的平均值由 15.73mm/min 降为 3.68mm/min，稳渗率平均值由 0.94mm/min 降为 0.03mm/min。表明各样地土壤渗透性能随土层深度的增加而减弱，这与森林对土壤的改良作用随土壤深度的增加而逐渐衰减有关。同时各样地表层土壤的初渗率和稳渗率差异较大，深层土壤的初渗率和稳渗率差异不明显，如 0～20cm 土层土壤的初渗率范围为 8.56～22.32mm/min，40～60cm 土层土壤的稳渗率范围为 0.02～0.04mm/min。从表层土壤渗透速率来看，各样地土壤的初渗率和稳渗率大小排序为

Ⅳ > Ⅱ > Ⅲ > Ⅰ。

表 3.2-9 各样地土壤样品的渗透能力

| 样地编号 | 初渗率 /（mm/min） | | | 稳渗率 /（mm/min） | | |
|---|---|---|---|---|---|---|
| | 0~20cm | 20~40cm | 40~60cm | 0~20cm | 20~40cm | 40~60cm |
| Ⅰ | 8.56 | 11.26 | 3.20 | 0.11 | 0.21 | 0.02 |
| Ⅱ | 19.42 | 13.30 | 3.56 | 1.30 | 0.21 | 0.03 |
| Ⅲ | 12.63 | 9.60 | 3.85 | 0.24 | 0.17 | 0.04 |
| Ⅳ | 22.32 | 12.25 | 4.11 | 2.10 | 0.20 | 0.03 |
| 均值 | 15.73 | 11.60 | 3.68 | 0.94 | 0.20 | 0.03 |

## 3.3 上堡梯田与国内典型梯田对比分析

云南哈尼梯田、湖南紫鹊界梯田和广西龙脊梯田是我国知名的古梯田，2018 年 2 月联合国粮食组织一起认定湖南紫鹊界梯田、江西崇义上堡梯田、广西龙胜龙脊梯田、福建尤溪联合梯田为“中国南方山地稻作梯田系统”，被命名为“全球重要农业文化遗产”。当前在农田水利灌溉、水土保持及生态农业、农业文化遗产等方面，学者们对哈尼梯田和紫鹊界梯田研究较多，取得了丰硕的研究成果。因此，本节拟从灌溉系统、梯田区森林土壤涵养水源功能、梯田管理等方面将上堡梯田与哈尼梯田和紫鹊界梯田进行对比研究。

### 3.3.1 云南哈尼梯田

#### 3.3.1.1 区域概况

1. 地理位置

哈尼梯田核心区位于云南省元阳县，元阳县位于云南省南部哀牢山脉南段，红河哈尼族彝族自治州西南部，地处东经 102°27′～

103°13′、北纬22°49′～23°19′之间。

2. 地形地貌

由于长期受红河、藤条江两大水系的侵蚀、切割，形成峡谷幽深、山峦叠嶂、沟壑纵横、溪流湍急的深切割中山地貌类型，元阳县境内无一平川，山高谷深，最高海拔为2939.6m，最低海拔为144m，相对高差为2795.6m。全县境内自然景观奇特，地形可概括为“两山两谷三面坡，一江一河万级田”。这里山有多高，水就有多高，山地季风造就了多雨多雾的立体气候，每年都有天云海填平河谷的景象（图3.3-1）。

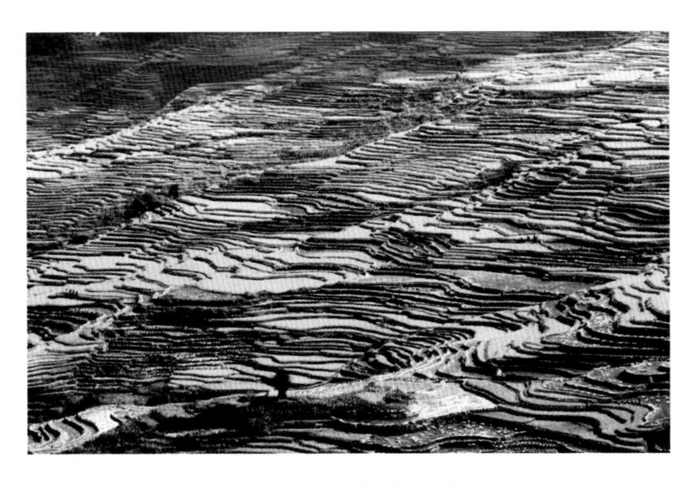

图3.3-1　云南哈尼梯田

3. 水文气候

元阳县境内水资源丰富，有元江和藤条江两大干流，其支流有乌湾河、麻栗寨河、逢春岭河、金子河等29条，其中元江支流18条，藤条江支流11条。境内河流总长为700km，流域面积为2216.9km$^2$。水资源总量为26.91亿m$^3$，其中地表水为20.81亿m$^3$，地下水为6.1亿m$^3$。

元阳地处哀牢山南部，北回归线以南，气候属亚热带季风气候类型。全年日照时数为1770.2h，相对湿度为84.3%，年降水量为770～2400mm，年平均降水量为1403mm。年平均气温为16.4℃，最冷月平均气温为7～17℃，最热月平均气温为16～29℃，极端最低气

温为 -0.1～7℃，极端最高气温为 28～42.3℃。无霜期为 200～364d。

4. 植被土壤

元阳属云南高原中亚热带山地气候区，立体气候突出，森林植被分布差异明显。森林植被分为七种类型：①山地雨林，主要分布在海拔 1600m 以下的沟谷和陡坡；②季风常绿阔叶林，主要分布在山地雨林上部，海拔为 1600～1900m；③次生植被，主要分布在海拔 1400～2500m 之间；④竹林，种类多、分布范围广，在海拔 1200～2600m 之间均有；⑤中山苔藓常绿阔叶林，主要分布在海拔 1900～2600m 之间，是县内面积最大、水源涵养功能最强的植被类型；⑥山顶苔藓矮林，主要分布在海拔 2650～2800m 之间的山脊和近山顶的坡地；⑦山顶苔藓灌丛，分布在海拔 2800m 以上的孤峰山顶。

山区海拔高度不同，土壤类型也不同，垂直分布明显。北部山区海拔 800m 以下为燥红土，海拔 800～1300m 为赤红壤；南部山区海拔 800m 以下为砖红壤，海拔 800～1200m 为赤红壤；中半山地区海拔 1200～1600m 为红壤，海拔 1600～1900m 为黄壤，海拔 1900～2500m 为黄棕壤，海拔 2500m 以上为棕壤。

#### 3.3.1.2 分布情况

哈尼梯田主要分布于云南省哀牢山南段的元阳、绿春、红河、金平等县，梯田面积达 7.0 万 $hm^2$。其核心区是元阳县，介于东经 102°37′～102°50′、北纬 23°03′～23°10′ 之间，梯田面积为 2.64 万 $hm^2$，集中连片区面积达 $700hm^2$，最高海拔为 1800m，最低海拔为 700m，坡度为 15°～35°。哈尼梯田主要有 3 大景区：坝达景区包括箐口、全福庄、麻栗寨、主鲁等连片 1.4 万多亩的梯田；老虎嘴景区包括勐品、硐浦、阿勐控、保山寨等近 6000 亩梯田；多依树景区包括多依树、爱春、大瓦遮等连片上万亩梯田。如此众多的梯田，在茫茫森林的掩映中，在漫漫云海的覆盖下，构成了神奇壮丽的景观。

哈尼梯田之“奇”，可归纳为 6 个方面。一是层级多，在缓长的坡面上形成的梯田最长达3000多级；二是落差大，梯田的垂直落差最大有2000m；三是规模大，梯田面积达7.0万$hm^2$；四是历史长，已有1300多年历史；五是景色秀，与广布的梯田融为一体的云海、日出日落、山寨等景色异常秀美，构成一处处景区；六是内涵深，哈尼梯田作为人文景观、自然景观的结合，被法国人类学家欧也纳博士称为“大地艺术”“大地雕刻”。2013年6月22日，在第37届世界遗产大会上哈尼梯田被成功列入世界遗产名录。2018年12月15日，在广西南宁举行的中国生态文明论坛南宁年会上，生态环境部命名哈尼梯田遗产区为第二批“绿水青山就是金山银山”实践创新基地。

### 3.3.1.3 景观空间格局

哈尼梯田系统呈现出以下特点：每个村寨的上方必然有茂密的森林，提供生产生活用水、用材、薪炭，其中，以神圣不可侵犯的寨神林为特征；村寨下方是层层相叠的千百级梯田，那里提供着哈尼人生存发展的基本条件：粮食；中间的村寨由座座古意盎然的蘑菇房组合而成，形成人们安度人生的场所；梯田下方是河流。这一结构被文化生态学家盛赞为“森林—村庄—梯田—河流”四素同构（图3.3-2）的人与自然高度协调的、可持续发展的、良性循环的生态系统。

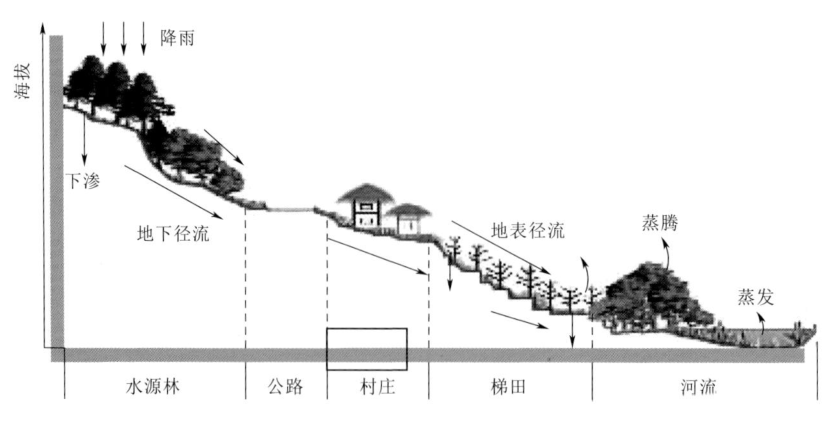


图3.3-2 哈尼梯田景观空间格局

（1）森林。当来自河谷的水汽在海拔 1000m 以上地区开始凝结，形成云雾、降水时，位于高山和上半山的山顶高山矮曲林、山地常绿阔叶林附生苔藓等原始森林吸收并蓄积了大部分水分，将降水转换为地下水。由于当地山体中存在大量花岗岩—岩浆岩岩层，构成了隔水层，使得森林涵养的水源在哀牢山区随处涌出，形成大量天然山泉。这些泉水有效保障了森林下方地区的农业灌溉用水以及人畜饮用水，使得聚落与梯田的发展具备了稳定水源。

（2）梯田。由于当地土层深厚，红壤、黄壤质地黏厚，透水率低，哈尼族人民不断在原始森林下方开辟梯田，并利用自森林涵养出的大量泉水进行灌溉，以水稻种植为主，配合鱼类、螺蛳、黄鳝、泥鳅等水产养殖，发展精耕农业。梯田的开垦不仅为哈尼族人民提供了基本的热量与营养，还可减缓地表径流速度，降低土壤侵蚀率，有利于当地水土保持，使得该人工生态系统在物质能量循环总量大幅提高的情况下，稳定性亦有所提高。

（3）村庄。位于森林与梯田的交界处，控制、影响森林和梯田。村庄中的哈尼族人从森林中获取薪柴、狩猎动物、采集花果，作为建立与维系村庄发展的重要物质能量来源；从森林索取物资的同时，哈尼族人通过宗教、民约等手段，限制对森林的过度开发，保护森林。村庄对梯田的控制与影响作用更为显著：首先，大规模的稻作梯田是由哈尼族亲手创造的；其次，维系梯田中的水稻是由哈尼族培育和栽培的；第三，水在维系稻作梯田中的作用十分关键，这一要素是由聚落中的哈尼族人有效组织、管理和维护的；最后，哈尼族人每年对梯田进行修补加固，使梯田能够长期存在。

（4）河流。由于河谷地带海拔低（约 200m）、温度高（年中最高温度可达 40℃），造成了强烈的蒸发作用，大量水汽上升至高海拔地区。水汽升至海拔 1000m 以上，到达暖湿气流凝结层，来自河谷的水汽逐步凝结，形成降雨、雾气与“云海”，为当地水稻广泛种植提供了最初始的水分来源。

#### 3.3.1.4 梯田维护管理

哈尼族人的梯田营造别出心裁，讲求季节时机。开挖梯田的最佳季节是每年的冬季至阳春三月，这段时间气候温和凉爽，土质干燥。开挖时，哪里渗水看得清楚，可即时补漏加固。梯田田埂坚固耐用，且不渗漏田水，这就需要开挖时打好基础，不能有丝毫马虎。另外，田埂每年彻底铲修一次，不让野草滋生，不让老鼠打洞。积年累月，田埂越见牢固、美观。再就是，高山水田和低山水田又有管理的不同，高山水田长年保水，一是为了牢固田埂，二是为了蓄积山水；低山水田则每年放干晒田。

为了解决哈尼梯田灌溉需要的大量水源，保障成千上万亩梯田，不论面积大小、位置高低、丰欠水年都能充分利用水资源，以避免村寨之间、村民之间因水发生纠纷，实现公开、公平分配用水量，哈尼人发明了一套严密有效的“木刻分水”制度[97-98]。此外，为对梯田灌溉沟渠的管理和维护，哈尼人制定了“沟长制”。沟长的职责主要有以下几方面：一是巡察和维修水沟，保证沟水畅通。沟长需要经常检查沟渠，疏通堵塞沟渠的杂物，或者修补一些已坏的沟埂。如果他一个人无法修补时，通知村里的人一起修补，以保证沟渠常年有丰沛的水；二是管理维护分水木，严查挪动、破坏分水木的行为；三是监制生产分水木，确保计量准确；四是调节用水纠纷，每年的缺水季节，村民有时会发生纠纷，这时需要沟长出面解决；五是祭祀水沟，因为水沟有“沟神”。因此，沟长在日常管理沟渠时，公平公正地分配梯田用水，在管理维护过程中也充分体现沟长的威望。

森林具有涵养水源的作用，是村寨和梯田的“天然水库”，对于村寨生存和生产稳定持续具有关键作用，因此哈尼族形成了崇拜树木的民俗文化和与树木有关的乡规民约。哈尼人尊崇树，认为树是保佑他们平安的神灵，砍伐它们就会遭到报应，并且出现了崇拜树神的祭祀活动。哈尼人还形成了对森林进行分类管理的制度，并通过乡规民约来保障。对经济林木和用材林实行适时封育、定期开放和开发，对其他维护村寨安全和环境保护的林木，如防风防火林，实行绝对的保护，一般不能进入林区进行伐木和樵采，违反者将受到严惩，特别是“寨神林”[99-100]。哈尼人对森林的崇拜和保护，有效地保护了当地的森林资源，保障生活用水和灌溉用水。

## 3.3.2 湖南紫鹊界梯田

### 3.3.2.1 区域概况

1. 地理位置

紫鹊界梯田位于湖南省新化县西南部的水车镇境内，新化县位于湖南省中部偏西、娄底市西部，盘依雪峰山东南麓，资水的中游。地处东经 110°45′～111°41′、北纬 27°31′～28°14′ 之间（图 3.3-3）。

图 3.3-3 湖南紫鹊界梯田

2. 地形地貌

县境地貌属山丘盆地，西部、北部雪峰山主脉耸峙；东部低山或深丘连绵；南部为天龙山、桐凤山环绕；中部为资水及其支流河谷，有江河平原、溪谷平原、溶蚀平原三种平原，系河流冲积、洪积而成，大多在海拔300m以下。境内多为山丘盆地。紫鹊界地区在大地构造上属于雪峰弧形构造带中段的弧顶内侧，地层为泥盆系前变质岩系，以花岗岩为主。地形地貌独特，属于浅割切中低山地地貌和浅割切馒头形丘陵地貌。地势因受区域构造的影响向东南倾斜，区内最高海拔为1585.2 m，最低海拔为400 m，高差超过1000m[101]。

3. 水文气候

境内水系发达，资江自东向西蜿蜒流过。资江又称资水，是湖南四水之一，长江的主要支流。资江分南源与西源，主源为南源即大夷水，流经广西资源县、湖南省新宁县和邵阳市等县市。西源为赫水，流经湖南省武冈市、隆回县等县市。两水在湖南省邵阳县双江口汇合后称为“资江”。流经湖南省邵阳市、新邵县、冷水江市、新化县、安化县和桃江县等县，至湖南省益阳市甘溪港注入洞庭湖。干流长度为653km，流域面积为282142km$^2$，其中在湖南境内为26738km$^2$，多年平均径流量为217亿m$^3$。

气候属中亚热带季风气候区，夏季多东南风，冬季多西北风。年平均气温为13.7℃，最高气温为39℃，最低气温为–5℃；年降水量为1650～1700mm；初霜一般在11月下旬，终霜一般在翌年2月末，年无霜期为260d；年日照数为1488h。

4. 植被土壤

土壤属花岗岩分化发育的红壤、黄壤和山地草甸土，土壤的垂直地带性分布明显，海拔800m以下的广大地区为红壤，800m以上为黄壤。紫鹊界梯田区内森林茂密，植被种类繁多，主要以杉树林、板栗林、竹林为主，杂生各种灌木草本植物，草本植物以蕨类居多[102]。

### 3.3.2.2 分布情况

紫鹊界梯田位于新化县西南部的水车镇，属雪峰山中部的奉家山体系，介于东经110°45′～111°41′、北纬27°31′～28°14′之间。紫鹊界梯田始于秦汉，盛于宋明，至今已有2000余年历史，是南方稻作文化和苗瑶山地渔猎文化交融糅合的历史遗存，是苗、瑶、侗、汉等多民族历代先民共同创造的劳动成果。

紫鹊界梯田最高海拔为1585m，大多分布在500～1200m之间，有500多级、10余万块，面积约为5333hm$^2$，坡度多为30°～40°。其中，集中连片的梯田有1333hm$^2$，水车、奉家和文田三镇梯田分布较为集中，具体村落集中分布在楼下、白水、龙普、石丰、金龙、正龙、金竹、白源、长石、锡溪、老庄、龙湘、直乐、奉家等[103]。紫鹊界梯田享有“梯田王国”之美誉，是首批世界灌溉工程遗产。

#### 3.3.2.3 景观空间格局

紫鹊界梯田与新化县的地势地貌、生态环境、民族建筑相结合，具有传统风情的干栏式民居与山水林木一道错落有致地点缀在层层叠叠的梯田之间，构成了融梯田景观、气象景观、传统民居建筑、森林生态景观于一体的综合景观（图3.3-4）。紫鹊界梯田区海拔1200～1500m（山顶）为林区，海拔500～1200m（山腰）为梯田，林田比例约为3 ∶ 1，实现了“山顶戴帽子、山腰围带子、山脚穿裙子”。气候变更与天气变幻，加上农时动态，使得紫鹊界梯田景观的季节特色鲜明：春季水满如镜，夏季青禾翠绿，秋季收获金黄，冬季银蛇素裹。紫鹊界梯田的土地利用类型以林地和耕地为主，核心区林地为

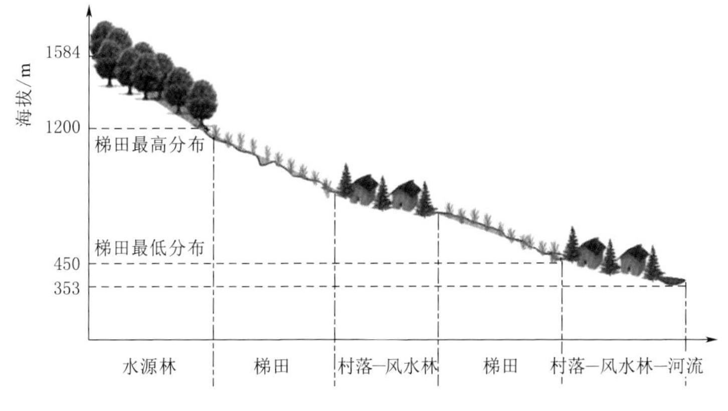


图3.3-4 紫鹊界梯田景观空间格局

30510hm$^2$，占 68.3%；耕地为 7564hm$^2$，占 16.94%，而其中 80.5% 的耕地为水田，梯田又占水田的 87.6%[104]。梯田水稻种植是该地区主要的种植方式，当地的农民在稻田中放养鱼或者鸭子，用以提高经济效益，增加食物的多样性，同时也改善了农田生态环境。同时，农民还在旱地种植多种多样的粮食作物、蔬菜、瓜果、药材等，在提供不同产品的同时，不同种植物及其配套物种彼此镶嵌，加上四季变化，仿佛人工彩绘，更加丰富了当地的农田景观。

#### 3.3.2.4 梯田维护管理

紫鹊界梯田的维护技术主要是冬季覆水和春季多次田埂修复模式。每年秋季水稻成熟收割后，当地农民要将稻田灌水浸泡至第二年开春（蓄水为 10～20cm），并清理查找田埂孔隙进行补漏；在秋冬季翻耕板田，春季插秧前还须进行 2～3 次犁田、整田（干耕时要求土壤湿度适宜，一般在泥土湿润、水量在土壤最大持水量 70% 左右时进行）。其中，整地过程中有一个重要环节——整理、修复田埂，当地称“糊田塍”。具体的做法是：在第一次耕板田时先清除田埂上的杂草，将之撒入田间、翻耕压入土内待其腐烂；第二次耕田灌水时，采用软泥加厚田埂 10cm 左右，将田埂晒干 3 天后，再以软化泥浆刮平田基侧面，主要目的是增加田埂厚度，起到防漏、蓄水，防止梯田垮塌的作用。此外，为了不让鳝鱼、泥鳅打洞钻孔，穿通田埂造成渗漏，夜晚农民会打灯观察。

紫鹊界梯田的灌溉系统是由无数细长输水渠沟组成。为保证渠尾不缺水和翻耕整田、及时灌溉，当地村与村、组与组、户与户都制定有用水规则，因地制宜，合理调度。紫鹊界梯田从秦代至今从事水稻生产，却没有产生人为崩塌和水土流失，原因是除封山育林和精筑田埂以外，科学设置泄洪沟也是一项重要措施。例如，秦家村的泄洪沟就是利用自然形成的山沟，以山沟自然岩板为底，两岸砌成宽为 2～3 m、高为 1～3 m 的石墙，使用约 2000 年没有发生山洪滑坡和泥石流灾害。

### 3.3.3 三大梯田对比分析

#### 3.3.3.1 灌溉系统对比分析

梯田的灌溉系统主要是由蓄水工程、灌排渠系和控制设施等三大部分组成，本节重点从这三个方面对哈尼梯田、紫鹊界梯田和上堡梯田的灌溉系统进行对比分析。

1. 蓄水工程

解决梯田灌溉的首要任务是解决水源问题。三大古梯田均是无塘无库，共同的特点是山顶都保留了足够的森林面积，呈现出了“山顶戴帽子、山腰围带子”的景观。

哈尼梯田所在的元阳县森林覆盖率为45%，而梯田区森林覆盖率达67%，森林主要分布在海拔1800m以上，其中生长于海拔1900～2600m之间的中山苔藓常绿阔叶林是区域内面积最大、水源涵养功能最强的植被类型。梯田则分布于海拔1800m以下，上方茂密的森林作为哈尼梯田生态系统重要的水源地，形成无数的山泉、水潭、溪流，然后流入村庄和梯田。比如：哈尼梯田区中的全福庄流域，海拔1850m以上分布有大面积的中山湿性常绿阔叶林的原始林及次生植被，面积为8.75km$^2$，梯田分布在海拔1400～1800m之间，梯田面积为3.25km$^2$，林田比例为2.7 ： 1。

紫鹊界梯田区森林茂密，森林覆盖率达90%以上，森林主要分布在海拔1200 m以上，梯田分布于海拔500～1200 m之间，林田比例约为3 ： 1。植物种类繁多，从林冠至地下可分为4层：1层为松、柏、枫等乔木；2层为山茶、紫荆等灌木；3层为蕨草和落叶；4层为树、草之根。降水被4层植被充分拦截和接纳，小雨只沾湿叶干，无雨滴直击地面；中雨被树叶枝干拦截后成水滴落下，无坡面漫流形成；暴雨经林、草、落叶接纳后，均匀浸入地下，坡面有缓慢表流，但无集中急流。紫鹊界梯田区保留2/3的高坡和山头为森林水源地，拥有优越的植被纳水条件，为其成功保持水土的秘诀。

上堡梯田区森林覆盖率达 85% 以上，茂密的森林为上堡梯田贮存了充足的灌溉水源，因而有了“上堡，上堡，高山顶上水森森”的民谣。森林主要分布在海拔 1260m 以上，梯田分布于海拔 280～1260m 之间，林田比例约为 3 ： 1。梯田区植物种类丰富，其中竹林在上堡有着非常悠久的历史，明嘉靖三十二年“桶江秀竹”为崇义八境之一。竹子种类有 7 属 41 种，包括毛竹、箬竹、苦竹、四方竹、实心竹、罗汉竹等。竹林一般位于梯田的外围，是梯田系统组成的一部分，为涵养水源、发展农林业起着很大作用。

梯田上方茂密的森林起着拦截调配降雨的作用，而土壤在涵养水源过程中起着吸纳和贮存雨水的作用。哈尼梯田分布区内以红壤、黄壤和红黄壤为主，受生物作用强烈，土质黏重、保水保肥；紫鹊界梯田土壤为花岗岩风化形成的砂壤土，这种颗粒较粗，孔隙率较大，其独特的含沙量，让紫鹊界成为一座巨大的海绵体，既能最大限度地吸纳雨水，又能保证水流匀速流动；上堡梯田土壤由耕作土层、黄壤土层、残积层和母质层组成，耕作土层为保水性能较好的黏性土，黄壤土为弱透水层，残积层渗透性较好，母质层为不透水的花岗岩。这样的地质条件，使渗入地下的水流均会被存储在黄壤土层、残积层中，进而形成含水量丰富的地下“隐形水库”。由此可见，三大梯田土壤成分虽有不同，但都具有较强的保水和渗水能力，可以为梯田灌溉提供水源储备。

可以说，梯田上方森林、土壤的综合储水保水，无疑是梯田特殊而优良的蓄水工程。三大梯田均拥有较高的森林覆盖率，形成了梯田灌溉水源所需的“绿色水库”，且独特的地质土壤条件为实现梯田灌溉提供了良好的保水和渗水功能。

2. 灌排渠系

梯田所在区域独特的地形条件，决定了哈尼梯田、紫鹊界梯田和上堡梯田的灌排渠系的类型基本相似，主要为架设竹笕（或木枧）输水、借田输水（图 3.3-5）或修筑田间毛圳。田间毛圳一般不串田而过，而是沿着田块内侧或外侧，用矮埂将渠和田块隔开。

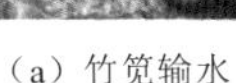

（a）竹笕输水　　（b）借田输水

图 3.3-5　紫鹊界梯田输水方法

由于竹笕输水、借田输水（图 3.3-6）、修筑田间毛圳等输水灌溉方式兼具因势利导、就地取材、无需财力投入、管理和维护方便等诸多优点，至今还在梯田灌溉中持续应用。随着现代水利科学技术的发展，管道输水、水渠输水也在梯田灌溉中广泛使用。如上堡梯田沿着地势和田埂埋设了输水管道、浇筑了混凝土水渠；紫鹊界梯田将塑料管道埋设于土壤中，从高处引水，形成地下小倒虹吸。而哈尼梯田修筑的水渠是最多的，多达 4650 条，其中流量在 0.3m$^3$/s 的有 45 条，最长的水渠有 25km。

（a）竹笕输水　　（b）借田输水

图 3.3-6　上堡梯田输水方法

3. 控制设施

与上堡梯田自流灌溉系统中的石块、闸阀等控制设施相比，哈尼和紫鹊界的劳动人民在梯田自流灌溉系统中独创的分水木（石）刻具有一定的创意性和科学性。由于梯田的每条渠道所灌溉梯田的数量、位置都有规定，哈尼梯田和紫鹊界梯田的农民发挥聪明才智，因地制宜地设计出了分水木（石）刻的分水控制设施（图 3.3-7 和图 3.3-8）。分水木（石）刻即一段木头（或一块条石）根据灌溉面积、灌溉需水量的不同刻出深浅宽窄不一的凹槽，分水木（石）刻横在水流必经之处，根据凹槽宽窄分布不同的水量，宽槽分的水量多，窄槽分的水就少。可以说，分水木刻蕴含了现代水利科学中的“水位－流量关系”知识。为保证分水木的制作质量和分水的合理性，分水木要求采用耐腐蚀、耐磨损的木材制作，且必须在管理人员的监督下由技术专人完成，其他人员不得擅自制作。

（a）分水石刻

（b）分水木刻

图 3.3-7 紫鹊界梯田分水木（石）刻

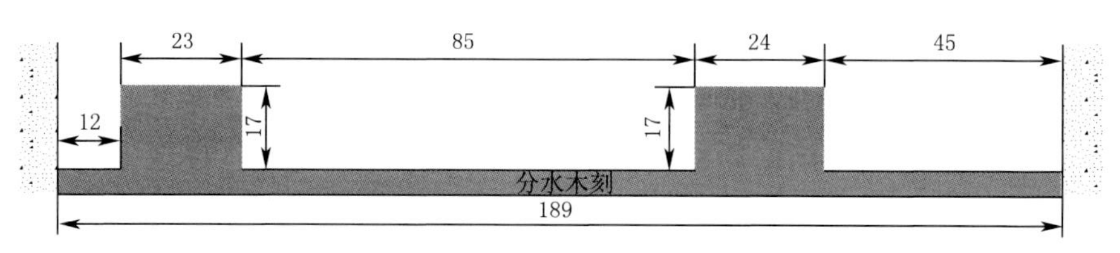


图 3.3-8 哈尼梯田分水木刻结构示意图 [105]（单位：cm）

### 3.3.3.2 森林土壤涵养水源功能对比分析

本次在上堡梯田核心区选取了水源涵养功能较大的3种林分样地与哈尼梯田[106]、紫鹊界梯田[107]进行对比分析，上堡梯田样地基本情况见表3.2-2，哈尼梯田、紫鹊界梯田样地基本情况见表3.3-1和表3.3-2。

表3.3-1 哈尼梯田试验样地基本情况

| 林分样地 | 植被类型 | 地理坐标 | | 海拔/m |
|---|---|---|---|---|
| | | 经度 | 纬度 | |
| 杞木林 | 常绿阔叶 | 102°46′11.1″ | 23°6′2.0″ | 1955 |
| 杉木林 | 针叶 | 102°44′09.4″ | 23°6′17.3″ | 1869 |
| 元江栲林 | 常绿阔叶 | 102°45′08.8″ | 23°4′31.3″ | 1616 |

表3.3-2 紫鹊界梯田试验样地基本情况

| 林分样地 | 植被类型 | 地理坐标 | | 海拔/m |
|---|---|---|---|---|
| | | 经度 | 纬度 | |
| 杉木林 | 针叶 | 110°55′50.7″ | 27°41′26.0″ | 708 |
| 楠竹林+杉木林 | 针阔混交 | 110°55′50.8″ | 27°41′26.3″ | 690 |
| 楠竹林 | 常绿阔叶 | 110°55′50.4″ | 27°41′27.2″ | 684 |

1. 森林枯落物持水能力

上堡梯田样地区森林枯落物持水能力见表3.2-3，哈尼梯田区和紫鹊界梯田区森林枯落物持水能力见表3.3-3和表3.3-4。

表3.3-3 哈尼梯田区森林枯落物持水能力

| 样地 | 枯落物层厚度/cm | | | 枯落物量/（$t/hm^2$） | 持水量/（$t/hm^2$） | | | 持水率/% | |
|---|---|---|---|---|---|---|---|---|---|
| | 未分解层 | 半、已分解层 | 总计 | | 未分解 | 半、已分解 | 总计 | 未分解 | 半、已分解 |
| 杞木林 | 2.07 | 1.33 | 3.40 | 9.93 | 3.12 | 14.40 | 17.60 | 95.64 | 216.67 |
| 杉木林 | 3.10 | 1.00 | 4.10 | 14.00 | 4.10 | 20.10 | 24.20 | 99.17 | 203.61 |

续表

| 样地 | 枯落物层厚度 /cm | | | 枯落物量 /（t/hm²） | 持水量 /（t/hm²） | | | 持水率 /% | |
|---|---|---|---|---|---|---|---|---|---|
| | 未分解层 | 半、已分解层 | 总计 | | 未分解 | 半、已分解 | 总计 | 未分解 | 半、已分解 |
| 元江栲林 | 1.10 | 0.80 | 1.90 | 8.40 | 6.29 | 9.19 | 15.50 | 123.30 | 278.53 |

表 3.3-4　紫鹊界梯田区森林枯落物持水能力

| 样地 | 枯落物层厚度 /cm | 枯落物干重 /g | 浸水 24h 后重 /g | 持水率 /% |
|---|---|---|---|---|
| 杉木林 | 5.5 | 100 | 550.00 | 450.03 |
| 楠竹 + 杉木林 | 5.1 | 100 | 458.30 | 358.28 |
| 楠竹林 | 4.8 | 100 | 388.10 | 288.13 |

2. 土壤持水能力

上堡梯田样地区林下土壤持水能力见表 3.2-7，哈尼梯田区和紫鹊界梯田区林下土壤持水能力见表 3.3-5 和表 3.3-6。

表 3.3-5　哈尼梯田区林下土壤持水能力

| 样地 | 土层深度 /cm | 含水率 /% | 容重 /（g/cm³） | 持水量 /（t/hm²） | | |
|---|---|---|---|---|---|---|
| | | | | 毛管 | 非毛管 | 饱和 |
| 桤木林 | 0～20 | 54.34 | 0.66 | 720.35 | 244.27 | 964.62 |
| | 20～40 | 34.03 | 1.01 | 684.14 | 551.22 | 1235.40 |
| | 40～60 | 28.01 | 1.24 | 697.01 | 294.59 | 991.60 |
| | 均值 | | | 700.50 | 363.36 | 1063.87 |
| 杉木林 | 0～20 | 38.42 | 0.69 | 528.72 | 641.00 | 1169.70 |
| | 20～40 | 21.15 | 1.07 | 452.83 | 775.88 | 1228.70 |
| | 40～60 | 46.39 | 0.76 | 707.20 | 397.54 | 1104.70 |
| | 均值 | | | 562.92 | 604.81 | 1167.70 |

续表

| 样地 | 土层深度/cm | 含水率/% | 容重/（g/cm³） | 持水量/（t/hm²） | | |
|---|---|---|---|---|---|---|
| | | | | 毛管 | 非毛管 | 饱和 |
| 元江栲林 | 0~20 | 34.91 | 0.63 | 437.44 | 454.94 | 892.38 |
| | 20~40 | 32.98 | 0.73 | 483.73 | 706.71 | 1190.40 |
| | 40~60 | 32.66 | 0.80 | 773.28 | 428.42 | 1201.70 |
| | 均值 | | | 564.82 | 530.02 | 1094.83 |

表 3.3-6　紫鹊界梯田区林下土壤持水能力

| 样地 | 土层深度/cm | 含水率/% | 容重/（g/cm³） | 持水量/（t/hm²） | | |
|---|---|---|---|---|---|---|
| | | | | 毛管 | 非毛管 | 饱和 |
| 杉木林 | 0~20 | 46.2 | 0.95 | 722.00 | 174.40 | 896.40 |
| | 20~40 | 38.7 | 1.05 | 715.56 | 93.30 | 808.86 |
| | 均值 | | | 718.78 | 133.85 | 852.63 |
| 楠竹+杉木林 | 0~20 | 42.7 | 0.90 | 813.90 | 108.65 | 922.55 |
| | 20~40 | 36.1 | 1.09 | 697.29 | 89.30 | 786.59 |
| | 均值 | 39.9 | | 755.60 | 98.97 | 854.57 |
| 楠竹林 | 0~20 | 32.1 | 1.00 | 807.02 | 79.99 | 887.01 |
| | 20~40 | | 1.35 | 835.00 | 26.80 | 861.80 |
| | 均值 | | | 821.01 | 53.40 | 874.41 |

3. 对比分析

结合各实验数据对哈尼梯田、紫鹊界梯田和上堡梯田的森林枯落物及土壤持水性能进行对比分析，绘制三大梯田森林枯落物最大持水率的对比图，如图 3.3-9 所示。

由图 3.3.9 可见，紫鹊界梯田区森林枯落物最大持水率较大，三大梯田枯落物最大持水率大小关系整体上为紫鹊界梯田＞哈尼梯田＞

上堡梯田。上堡梯田和紫鹊界梯田枯落物最大持水率随海拔的增加呈增大趋势，而哈尼梯田枯落物最大持水率随海拔的增加呈减小趋势。这主要是因为上堡梯田和紫鹊界梯田试验区的林分类型相似，均以杉木林和竹林为主，且两大梯田区域的气候环境也相差不大，而林分类型和气候条件是影响枯落物持水性能的重要因素。

土壤持水性能一般随土层深度的增加而减弱，本次以三大梯田区森林土壤 0～20cm 的表层土壤的持水性能进行对比分析。其中表层土壤的毛管持水量对比见图 3.3-10，表层土壤的非毛管持水量对比见图 3.3-11，表层土壤的饱和持水量对比见图 3.3-12。

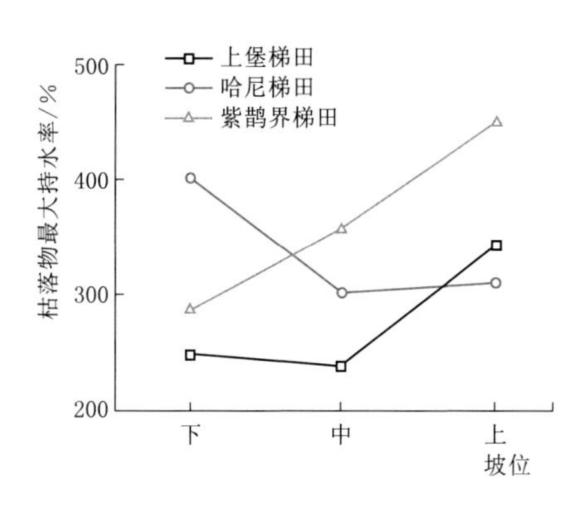


图 3.3-9　森林枯落物最大持水率对比图

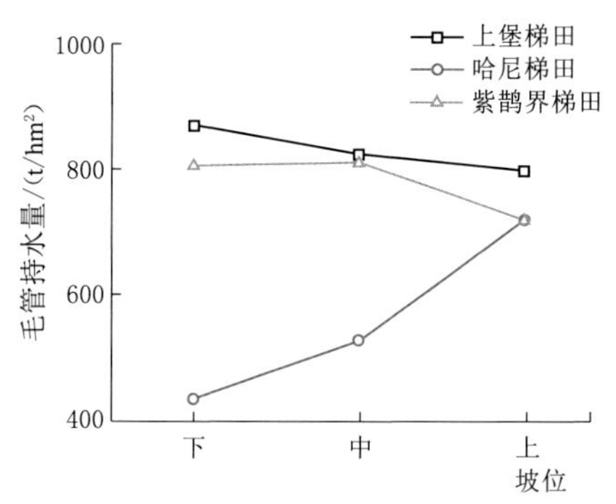


图 3.3-10　表层土壤毛管持水量对比图

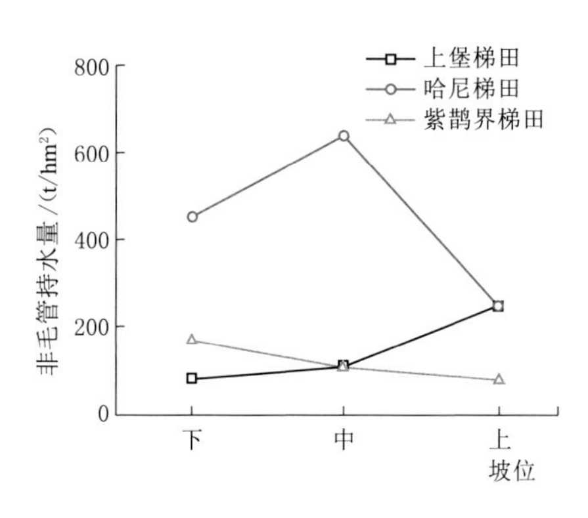


图 3.3-11　表层土壤非毛管持水量对比图

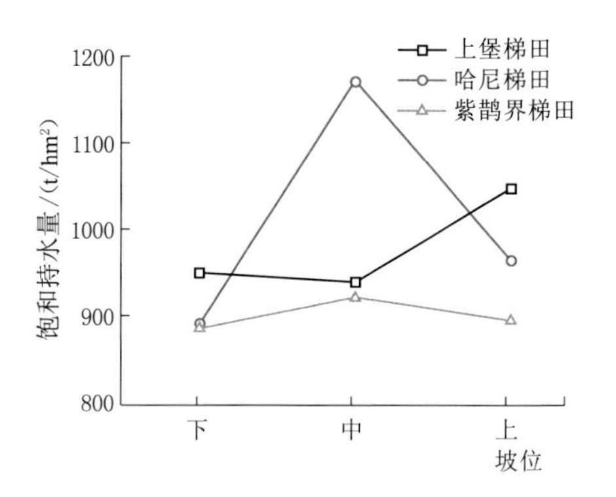


图 3.3-12　表层土壤饱和持水量对比图

由图 3.3-10 可见，上堡梯田区森林表层土壤的毛管持水量最大，三大梯田区森林表层土壤毛管持水量大小关系为上堡梯田＞紫鹊界梯田＞哈尼梯田，其中上堡梯田区下坡位森林表层土壤毛管持水量是哈尼梯田的 2 倍。上堡梯田和紫鹊界梯田区森林表层土壤毛管持水量随海拔的增加而呈减小趋势，哈尼梯田区森林表层土壤毛管持水量随海拔的增加而呈增加趋势。

由图 3.3-11 可见，哈尼梯田区森林表层土壤的非毛管持水量最大，三大梯田区森林表层土壤非毛管持水量大小关系整体上为哈尼梯田＞上堡梯田＞紫鹊界梯田，其中哈尼梯田中坡位森林表层土壤的非毛管持水量是上堡梯田和紫鹊界梯田的 5.65～5.90 倍。非毛管持水量的大小体现了土壤涵养水源及削减洪水的能力，因此哈尼梯田区森林土壤涵养水源能力比上堡梯田和紫鹊界梯田要大。上堡梯田区森林表层土壤非毛管持水量随海拔的增加呈增大趋势，紫鹊界梯田区森林表层土壤非毛管持水量随海拔的增加呈减小趋势，哈尼梯田区森林表层土壤非毛管持水量随海拔的增加先增大后减小。

由图 3.3-12 可见，上堡梯田区上坡森林表层土壤饱和持水量最大，三大梯田的大小关系为上堡梯田＞哈尼梯田＞紫鹊界梯田；哈尼梯田区中坡森林表层土壤饱和持水量最大，三大梯田的大小关系为哈尼梯田＞上堡梯田＞紫鹊界梯田。上堡梯田区森林表层土壤饱和持水量随海拔的增加整体上呈增大趋势，哈尼梯田和紫鹊界梯田区森林表层土壤饱和持水量随海拔的增加先增大后减小。

#### 3.3.3.3 梯田管理对比分析

梯田的管理主要包括水源林的管理、灌排渠系的管理及梯田田块的管理。

1. 水源林的管理

哈尼族歌谣唱道：“有好山就有好树，有好树就有好水，有好水就开得出好田，有好田就养得出好儿孙。”哈尼族人深知水是梯田的血脉，而森林则是维护这一血脉的关键所在，于是哈尼族主要的祭仪“艾玛突”（祭寨神），实际是祭祀神林神树。哈尼族对森林保护理念的核心是对“寨神林”的崇拜。每个“寨神林”在哈尼村寨均需要永久性封山，除祭祀活动外，禁止人畜进入“寨神林”，甚至连“寨神林”中的枯枝朽木都禁止移动。哈尼村民对神林神树的崇拜源自内心长久以来对自然的敬畏。千百年来，正是因为哈尼族人拥有对大自然的敬畏和崇拜，以及保护森林的生态思想，哈尼梯田的森林资源、水资源得到了有力的保护。

紫鹊界人民通过封山育林、种草植树，让紫鹊界梯田区保留了2/3的高坡和山头作为森林水源地，个个山顶森林茂盛，处处山腰水田密级。紫鹊界传统文化信仰中也体现了对自然环境的敬畏，如信奉自然界的山神、水神等。这说明紫鹊界文化具有人地和谐的文化基因。同时，这些信仰可约束生活在梯田地区人们的日常生产生活行为，强调保护梯田周边的生态环境。

对于处在上堡梯田区域的客家人，自古重视对梯田顶端森林的保护，在山林私有的时期就对山林进行了有效的管理。山主严格保护用材林，间伐残次林作薪柴，无山的人家须经山主同意方可入山砍柴。宗族众山、村落的水口山以及梯田的灌溉水源由宗族进行严格的管理。正源唐姓在康乾时期组织了“禁山会”，公举执事若干人专事巡山督查，防止滥砍、盗伐。禁山会向各户征集“头钱”购置田产，将田产放租以收取租谷，其租谷除去完税所余部分用作“禁山会”的各种开支。正是这种严格的保护，才使得梯田顶端的竹林成为一个大的“蓄水池”，保证了梯田水稻用水的充足。

水源林作为梯田灌溉用水的水源地，哈尼梯田、紫鹊界梯田和上堡梯田的当地人们都清醒地认识到梯田顶部的森林是维持他们正常生产和生活的重要保障。为此，形成了对“寨神林”的崇拜之情、对“山神”“水神”的敬畏之心，成立了“禁山会”，开展了“封山育林”“巡山督查”工作，这都体现了梯田区人民对大自然的敬畏和追求人与自然和谐相处的思想，也是我们需要践行的生态环保理念。

2. 灌排渠系的管理

哈尼梯田每条沟渠都由水沟的所有者或者受益者共同推举一个叫“嘎收”的人来负责管理水沟。“嘎收”的责任很重大，要负责水沟的日常护养工作，水沟堵塞、坍塌时要及时疏通和加固，保证水沟常年流水并畅通无阻。虽说“嘎收”负责沟渠的日常修养，但是哈尼族视沟渠如命，把护养沟渠当作自己的事情，沟渠稍有破损，谁见谁修。农忙用水季节“嘎收”一人忙不过来，其家人要帮助沟渠的管理和维护。此外，每年冬季要召集所有田主投资投劳，组织人员对沟渠进行较大规模的修缮加固。为肯定“嘎收”在管护沟渠工作中所做的贡献，表达对“嘎收”的敬意和谢意，沟渠的受益者要交纳一定的谷子给“嘎收”作为其护理沟渠的报酬。

紫鹊界梯田与上堡梯田每年会定期组织田主对沟渠进行清淤整治，对架设的输水竹笕或木枧进行查看，对已经腐坏、破损的竹笕进行更换，对埋设的输水管道进行巡查，存在淤堵则进行清淤，存在破损则进行修补或更换，以保证梯田在农忙用水季节可以正常灌溉。

3. 梯田田块的管理

哈尼人在梯田管理过程中，对田埂每年彻底铲修一次，不让野草滋生，不让老鼠打洞。积年累月，田埂越见牢固、美观。高山水田和低山水田又有管理的不同，高山水田长年保水，一是为了牢固田埂，二是为了蓄积山水；低山水田则每年放干晒田。

紫鹊界梯田的维护技术主要是冬季覆水和春季多次田埂修复模式。每年秋季水稻成熟收割后，当地农民要将稻田灌水浸泡至第二年开春，并清理查找田埂孔隙进行补漏；在秋冬季翻耕板田，春季插秧前还须进行2～3次犁田、整田。其中，整地过程中有一个重要环节——整理、修复田埂，当地称“糊田塍”。此外，为了不让鳝鱼、泥鳅打洞钻孔，穿通田埂造成渗漏，夜晚农民会打灯观察。

上堡梯田的农户历来都采取精耕细作的整地原则，耕深达15～18cm，采用耕翻、旋耕、深松相结合的方法，二犁二耙，甚至三犁三耙，做到池内水深不过寸，肥水不会溢出。由于梯田田埂容易受暴雨径流冲击，加之冬冻春消，鼠害穿洞，人畜践踏等易造成坍塌、垮溜，梯田主人要随时进行检查和修整。另外，在冬季休闲时期也会针对田埂进行加高加固，一般高40cm以上，并捶打结实，达到不塌不漏。

可以看出，梯田劳作者都比较重视梯田的管理维护，梯田的耕作也大都采用牛配犁、耙翻田等传统农耕技术，通过精耕细作，不会破坏梯田的保水层；日常的田埂检查、维护也确保了梯田的稳固和不跑水、不跑肥。

## 3.4　崇义上堡梯田工程价值

### 3.4.1　科学治水兴水，实现系统治理

上堡梯田形成的“森林—村庄—梯田—水系”山地农业体系，以水系统为核心，通过能量循环系统和物质流动形成了一个具有良好的空间结构和协调性的生态系统，整个系统由森林子系统、村庄子系统、梯田子系统和水系子系统组成，充分利用了森林的水源涵养功能、梯田的水土保持功能，形成了梯田的水土保持功能、水利灌溉的循环系统，较好地诠释了系统治理的成果，具体如下：

（1）水土保持系统。梯田基本顺应等高线建造，既减少了土方量，又防止了水土流失。同时，梯田表面一定的植被，可吸收和过滤雨水用以涵养水土。

（2）水利灌溉系统。依山势在不同等高线上修筑水田，通过山顶种植树木和竹林截留、储存天然降水，形成泉水密布的高山湿地；储存的水以溪流、山泉的形式流入村庄、梯田，多余的水流入山脚河道。

同时，大面积的水田和河流水汽蒸发后在空中形成云雾，又以雨水的形式回灌山地与河谷，形成了一个优良的水利灌溉循环系统，有效减少了洪涝、干旱灾害对水稻生产的影响。

（3）人工生态系统。冬季注水灌田，浸烂残留的稻梗、杂草，播种红花草等肥田植物，并在水田里养鸭；春耕季节，对土地进行翻耕、插秧，田埂上种黄豆，部分水田放养鱼苗。鸭子和鱼类能有效减少水田中杂草的生长以及病虫害的发生，黄豆发达的根系则使田埂不易垮塌，鸭子、鱼类的粪便以及冬季种植的肥田植物增加了水田的肥力。

正是这种传统农业生态系统，保障了崇义上堡梯田持续上千年的农耕文明传承。由此可见，上堡梯田形成的传统农业生态系统与现代治水的新思路是高度契合的。

### 3.4.2 尊重自然规律，实现低影响开发

上堡梯田在建设、改造梯田和利用梯田上，都充分尊重了自然规律。

（1）在改造和利用自然的实践经验上，上堡梯田将原本脆弱的山地环境，转变为生态效益较高的人工湿地。为适应生活及农业生产需要，在原始森林上开辟村庄及农田，开发后的山顶仍保留大片原始森林。这些自然生态环境具有涵养水源、保持水土、平衡生态的作用。在低山区上开辟梯田，创造人工湿地，满足生活所需粮食的同时，还大大减少了坡地的水土流失，减少农业开发带来的不良影响，可谓最大限度地借助于自然力量的最少设计，达到人与自然的合作共生。

（2）上堡梯田灌溉以山坡上众多的渗水为灌溉源头，人工修筑的水渠引导雨水、山泉水进入农田，田间灌溉采用自流漫灌方式对梯田水资源进行合理的调配，其突出的特点是灌溉水源比灌溉田地高，能充分利用自然压差所形成的势能，灌溉过程不需要消耗机械能。

### 3.4.3 重视资源利用，实现可持续发展

水是上堡梯田的重要因素，水流顺山而下流经村庄，装满各家各户的蓄水池，再通过水流的搬运作用，带动水臼、水磨、水碾、水车等输水工具，最终将带有肥力的生活用水及多余的雨水排放至梯田进行灌溉。水资源采用分级管理，根据水质和用途不同，可分为储备用水、生活用水和灌溉用水三个部分。

（1）储备用水。在水量较多的泉眼处修筑蓄水池，储备用水通常用于火灾救火和旱季的生活用水。

（2）生活用水。修筑水池蓄水供日常饮用和清洗。在水流较急处，建有水碾、水磨等生产工具，节省了一部分劳动力。

（3）灌溉用水。经初级利用的水与地表溪流汇合，经渠道进入梯田进行灌溉，进而形成水资源高效利用链。其梯田系统、泥沙池的理念，与当下正在开展的低影响开发雨水管理模式中的生物滞留池、沉淀池如出一辙，都是通过微地形的营造，在源头分散调蓄雨水、控制径流，延长汇流时间，进而削减开发对环境的影响，实现可持续发展。

# 第4章 河流渠系人工灌溉工程——以泰和县槎滩陂为例

陂塘是江西古代重要的水利工程之一，可在降水充沛的时期蓄积四溢的山间来水，干旱的季节通过闸坝控制自流供水，提供城市防洪和周边农业灌溉的功能，也为城市用水、水路交通运输提供水源补给，在区域间对水源进行调蓄与重新分配，从而保证整个区域的水生态安全和市镇体系经济的繁荣。千百年来人们顺应自然条件、结合区域的地理环境梳理水系，逐渐改变区域的水文结构和土地肌理，在建设陂塘系统的同时深刻地影响了所在区域不同尺度的景观格局。

本章主要选取泰和县槎滩陂水利工程作为江西省河流渠系灌溉系统的典型工程，对其设计、建设及管理等方面进行详细研究，结合工程的地质地貌和水文水资源等情况，分析其不同时期的工程布置、工程结构及其运行管理机制等，并运用 AutoCAD、3DMax 和 Lumion 等软件对槎滩陂水利工程进行三维构筑，构建全景动态的三维动画对槎滩陂水利工程进行完整的展示。重点展示了槎滩陂水利工程历史变迁的过程及不同时期水工建筑物的工程特性，以及在历史变迁的过程中槎滩陂水利工程的功能、环境、自然形态形貌的演变规律等，以期为河流渠系人工灌溉工程对现代生态水利工程设计、建设、管理的启示研究奠定基础。

## 4.1 槎滩陂水利工程概况

### 4.1.1 区域概况

槎滩陂位于江西省泰和县禾市镇桥丰村委槎滩村畔，始筑于南唐937—975年，它长期发挥疏江导流灌溉功能，号称“江南都江堰”。2006年被确定为江西省重点文物保护单位（含周矩墓），2013年被确定为全国重点文物保护单位，2016年被评选为世界灌溉工程遗产。

泰和县位于江西省中部偏南，吉安地区的西南部，地处罗霄山脉和武夷山脉之间，县境东南界兴国县，西南毗遂川县，西接井冈山和永新县，北连吉安县，是江西第二大盆地——吉安泰和盆地的腹心区。禾市镇位于泰和县西部偏北，面积为136km$^2$，镇政府驻早禾市村，距泰和县城30km。禾市镇境内西、南为海拔300m以上的高丘地区，西北、东南为低中丘地，东北部为河床平原，平均海拔为80m。槎滩陂位于泰和县禾市镇桥丰村境内，绝大部分地区属于河谷平原和盆地，地势低洼，在每年的3—6月，一遇上连续性大雨，则易发生洪水内涝，但到了7—9月，则容易受旱。从地形地貌的分布来看，河谷平原及丘陵地区比山区的干旱时间较长，受旱也较严重。陂塘由于其在多雨季节可拦水滞洪、削弱洪峰，在枯水季节又可储蓄水量、减少水量流失，具有特殊作用，因而其建设对当地农业生产具有重要意义。

泰和县地处中亚热带季风气候，水热资源丰富，气候温暖滋润，雨量充沛，年平均气温为18.6℃，其中7月温度最高，月平均为29.7℃；1月温度最低，月平均为6.5℃，年无霜期280d。年平均降水量达到1370.5mm，从绝对数量上说是大大满足了当地农作物的需求，但由于时空分布不均匀，就一年的降水来说，主要集中在3—6月，其降水量约占全年的60%，常出现洪情；而到了农田大量需水的7—9月，降水量却不多，且由于这期间温度较高，水量蒸发大，因而易出现旱情。

### 4.1.2 起源与演变

槎滩陂水利工程建成至今已有千余年，历经多个朝代，经过多次加固、改建、扩建等，沿用至今。在这千余年的历史过程中，槎滩陂水利工程的主要建筑物经过多次重建和修复，其渠系经不断拓展和完善，才达到现有规模。经对史记资料的详细梳理，槎滩陂水利工程的建设历程主要分为四个时期：创建期、完善期、发展期和成熟期。

1\. 创建期

槎滩陂水利工程始筑于南唐，至今已有一千多年的历史。槎滩陂始筑者周矩（895—976，字必至，号云峰）原籍为金陵（今江苏南京），927年（南唐天成二年）进士，任金陵监察御史，为避唐末之乱，于930年（天成末年）随子婿吉州刺史杨大中徙居泰和之万岁（后改为泰和县信实乡，今螺溪镇）。他寓居农村，体察民情，深知群众受旱之苦，在937年，他经过周密筹划后，选择溫水上游的槎滩村畔建造槎滩陂。据《槎滩碉石二陂山田记》所载，初建时以木桩、竹条压石为大陂，陂长100余丈，高2市尺，用以导引江水，开旁洪注，以防河道漫流改道，名叫槎滩。同时，又于滩下七里许筑条石滚水坝，以调蓄水量水位，名曰碉石，长30丈。旁凹岸深潭下分36支渠道，灌高行（今禾市镇）、信实（今螺溪镇）两乡农田约9000亩，使经常受旱歉收的薄田变成了旱涝保收的良田。

2\. 完善期

为不断完善槎滩陂水利工程，充分发挥其灌溉功能，曾多次对其进行维修。北宋初，右仆射周羡（周矩子）买田、山、鱼塘，以其租金作修陂之费，并制定管理制度及用水公约，以息纷争；尚书郎周中和于1052年（皇祐四年）立《槎滩碉石二陂山田记》碑，并立有五彩之约，分仁、义、礼、智、信5号，由受益区内蒋、萧、周、李、康

5 姓村民轮任陂长，负责管理维修相关事宜；元代，山田鱼塘被人侵吞，致使修陂和管理费用需按田摊派和募捐；1341—1368 年（至正年间），吉州同知李叔英以钱二万缗募千夫维修；明洪武后期因原筑坝材料易损毁，故在原址采用石头结构重修槎滩陂；明宣德期间、1534 年（嘉靖十三年）、1594 年（万历二十二年）曾先后维修；1790 年（清乾隆五十五年）“斗田派钱四十”重修一次，1898 年（光绪二十四年）周敬五、胡西京曾先后捐资维修；1915 年（民国 4 年）和 1938 年（民国 27 年），按田亩派款，群众自筹，政府补助等修复陂坝。[1]

3. 发展期

中华人民共和国成立后，槎滩陂水利工程由泰和县水务局槎滩陂水管会负责保护、管理、维护。从 1952 年至 1983 年先后进行了 4 次维修和扩建。

第一次为 1952 年，新开南干渠，对滚水坝进行加高加固，并拓宽挖深原渠道。加固后，主坝长 105.0m，最大坝高 4.7m，并设 7.0m 宽的筏道；副坝长 177.0m，高 4.1m，设两孔排沙闸，引水流量增到 $6m^3/s$，此次加高加宽延伸渠道 31.0km，合计新增灌溉面积约 1.67 万亩。

第二次为 1965 年，在今螺溪镇秋岭村马观庙新建倒虹吸，长 130.0m，内径 1.1m，引水过牛吼江，灌溉江北和吉安县永阳镇农田 6000 亩。同时翻修加固陂坝、筏道，新建分水鱼嘴、进水闸等，新增灌溉面积 16300 亩，使灌溉面积达到 4.2 万亩。

第三次，将灌溉尾水渠延伸至石山乡，新建隧洞一座、渡槽一座，使石山乡旱田改水田 100 亩，一季稻改双季稻 8000 亩。

第四次，1983 年冬为防止水流对坝体长期冲刷造成毁坏，加固加高大坝，用钢筋混凝土加固包裹，筏道、排沙闸干渠也进行了维修。坝长为 407.0m，坝顶宽为 7.0m，坝脚宽为 18.0m，平均坝高为 4.0m。南北干渠和石山干渠总长为 35.0km。

[1] 《重修槎滩陂志》（民国 27 年）。

槎滩陂水利工程现今是当地长期发挥疏江、导流、灌溉功能的古代水利工程，2016 年被评选为世界灌溉工程遗产。

4. 成熟期

经多次维修和完善，槎滩陂水利工程才达到现有规模，现状工程集雨面积为 1070km$^2$。通过查阅历史文献资料、收集不同时期槎滩陂水利工程的建筑物的尺寸数据及渠系资料，梳理后得到槎滩陂水利工程不同时期主要建筑物情况见表 4.1-1，槎滩陂水利工程不同时期渠系情况见表 4.1-2，槎滩陂水利工程不同时期灌区平面示意图见图 4.1-1。图 4.1.1（a）中为南唐时期的槎滩陂工程；图 4.1.1（b）中为 1949 年的槎滩陂工程，在南唐时期增加了黄色区域；图 4.1.1（c）和（d）为 1952 年和 1965 年的槎滩陂工程，对比于南唐时期分别增加了黄色、蓝色和紫红色区域。

表 4.1-1　槎滩陂水利工程不同时期主要建筑物情况

<table>
<tr><th>时　间</th><th>建筑物</th><th>筑坝材料</th><th>长度 /m</th><th>高度 /m</th><th>备　注</th></tr>
<tr><td rowspan="2">南唐时期及宋、元朝</td><td>大坝</td><td>木桩、竹条、土、石等</td><td>300.00</td><td>0.66</td><td>将若干根木桩打入河床，再编上长竹条，挡遏水流，然后筑填黏土，形成陂坝。木桩上部露出水面，高矮不一。陂略高于水面，洪水期陂坝没入水下</td></tr>
<tr><td>砌坝</td><td>木桩、竹条、土、石等</td><td>100.00</td><td>不详</td><td></td></tr>
<tr><td>明、清朝</td><td>主、副坝</td><td>土石结构、条石</td><td colspan="2" rowspan="2">维持原尺寸不变</td><td></td></tr>
<tr><td>民国 4 年至 27 年<br>1915—1938 年</td><td>主、副坝</td><td>条石、桐油、石灰砂浆</td><td></td></tr>
<tr><td rowspan="2">1952 年</td><td>主坝</td><td>混凝土</td><td>105.00</td><td>4.70</td><td>设有长 7.00m 筏道</td></tr>
<tr><td>副坝</td><td>混凝土</td><td>177.00</td><td>4.10</td><td>2 孔排沙闸</td></tr>
</table>

续表

| 时　间 | 建筑物 | 筑坝材料 | 长度 /m | 高度 /m | 备　注 |
|---|---|---|---|---|---|
| 1983 年 | 主坝 | 表层增设混凝土保护层 | 105.00 | 4.70 | 维修筏道 |
| | 副坝 | 表层增设混凝土保护层 | 177.00 | 4.10 | 维修排沙闸干渠 |

表 4.1-2　槎滩陂水利工程不同时期渠系情况

| 时　间 | 主要建设项目 | 渠道长度 /km | 渠道数量 | 灌溉面积 / 万亩 | 备　注 |
|---|---|---|---|---|---|
| 南唐时期 | 坝体 | 不详 | 36 条 | 0.90 | 高行和信实两乡（现今的禾市和螺溪） |
| 宋朝、元朝 | | | | | |
| 明朝、清朝 | | | | | |
| 1949 年 | | | | 2.50 | 大约一半流灌，一半需借水车提灌 |
| 1952 年 | 新开南干渠 | 31.00 | | 2.57 | |
| 1965 年 | 新建倒虹吸管、石山干渠 | 35.00 | | 5.00 | 泰和、吉安两县的禾市、螺溪、石山、永阳 4 个乡镇农田 |

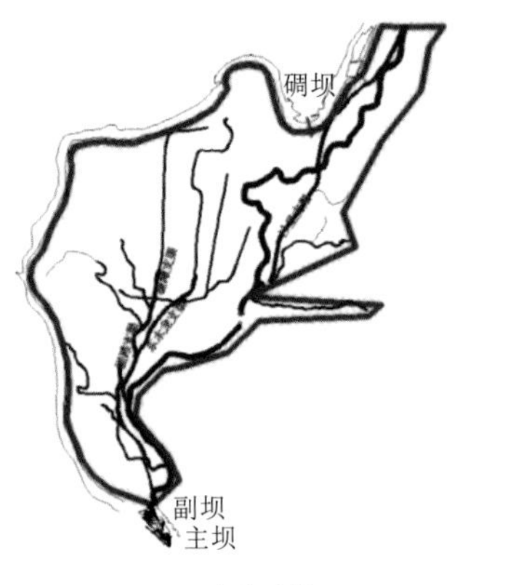

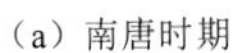
（a）南唐时期

（b）1949年

图 4.1-1（一）　槎滩陂水利工程不同时期灌区平面示意图

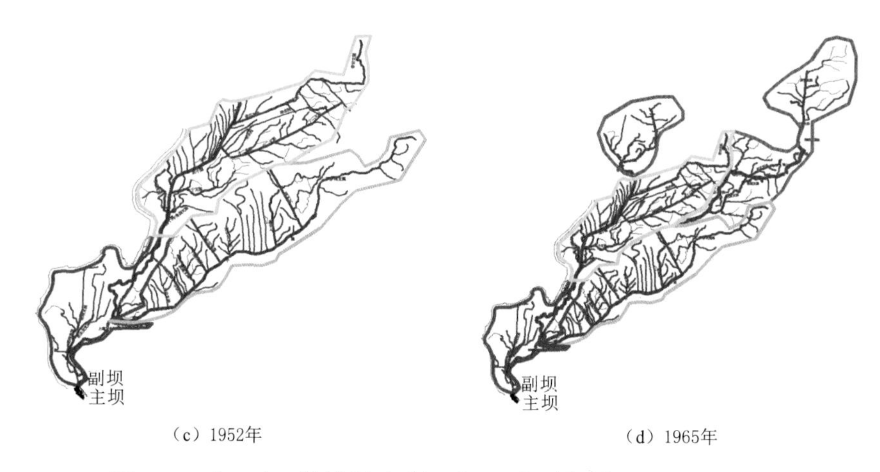


（c）1952年　（d）1965年

图 4.1-1（二） 槎滩陂水利工程不同时期灌区平面示意图

# 4.2 槎滩陂灌溉技术

## 4.2.1 陂类灌溉系统组成

“陂”是中国古代修筑的一种功能与今日水库类似的水利设施，其作用主要有：一是防洪、防御，限制水的流散；二是蓄水灌溉，进行合理利用。陂类灌溉系统作为人工干预自然而形成的水利灌溉系统，由于城市及区域的防洪、蓄水、灌溉、济运等目的，古代几乎每个城市都会通过建设陂类水利工程，承接和疏导雨洪汇水，并形成贯穿城市内外、连接自然江河的安全和可控的水系统。常见的陂类灌溉系统由阻滞单元、蓄水单元、传输单元和调控单元等四个单元组成。

1. 阻滞单元

陂类灌溉系统的阻滞单元主要功能为挡水，防止水四散而溢，常以“堤”“塘”“坝”“埸”称之陂类灌溉系统中的阻滞单元根据设置堤坝的位置，大体可分为两类：一类是在自然水系中设置塘坝截断河流，拦蓄原有水流，使上游形成水库；另一类是利用自然地势条件，将山坳、洼地、湖泊圈筑起来，形成蓄水库。此外，建坝的材料不尽相同，比较普遍的为土坝的坝型，一种是就地取土修筑均质的土坝，另一种是石坝，营建工程的难度相对较高，但更能耐受水流的高强度冲击，因此古代的陂塘石坝一般用于溢流口部分。

2. 蓄水单元

陂类灌溉系统的蓄水单元即为陂湖空间，蓄水的陂湖湖体是对水的约束和集中管理的中枢，是陂类灌溉系统中功能上最关键、空间上最核心的系统单元。使用传统的引水塘渠进行水传输存在一定的局限性，在河渠水量较大的时候，难以控制用水量，或导致水量白白流失或导致洪泛，河渠水源枯竭时，又难以保证足够的下游用水。陂湖则提供了足够的库容，能够把多余的河水通过渠道引到陂塘存蓄起来，以供随时调用，这就使水源在时间上得到调节，不仅扩大了可用水的面积和时间，汛期也可存蓄部分洪水，提高了水系全线的防洪能力。

3. 传输单元

陂类灌溉系统中的传输单元指的是为陂湖传输水（供水、用水或泄水）的渠道，包括供水渠道、用水渠道和溢流渠道，古人在没有能力建设大规模的水利设施时便通晓与水共处之道，因此蓄积的水体也需要疏通的渠道，才可免于溃堤的风险，适当疏导渠道也是保障堤坝和湖体的关键。

4. 调控单元

陂类灌溉系统中的人工调控单元为调控蓄泄的水口与设施，陂类灌溉系统营建的初衷即为实现水资源灵活的调控，因此调控单元是陂类灌溉系统执行单元。

槎滩陂是典型的陂类灌溉系统，以拦河坝（包括主、副坝）为中心，由筏道、排砂闸、引水渠、防洪堤、总进水闸及灌溉渠构成。其中阻滞单元为拦河坝，坝总长为407.0m（含沙洲），主坝（图4.2-1）坝长为105.0m，副坝（图4.2-2）坝长为177.0m，坝顶宽为7.0m，坝脚宽为18.0m，平均坝高为4.0m，最大坝高为4.7m；蓄水单元为牛吼江等，集雨面积为1070km$^2$；传输单元为南干渠（图4.2-3）、北干渠（图

4.2-4）和石山干渠、隧洞、大小渡槽等，其中渠道总长为35km，有隧洞1座、大小渡槽246座；调控单位为倒虹吸管、分水闸、跌水闸等，其中有倒虹吸管（图4.2-5）1座、分水闸（图4.2-6）17座、跌水闸3座。现灌溉泰和、吉安两县的禾市、螺溪、石山、永阳4个乡镇农田约5万亩。

图4.2-1　主坝

图4.2-2　副坝

图4.2-3　南干渠

图4.2-4　北干渠

图4.2-5　倒虹吸管

图4.2-6　分水闸

### 4.2.2 陂类灌溉系统影响因素

通过对在用古代水利工程槎滩陂工程发展历程的研究，可以总结出陂类灌溉系统在江西发展演变的主要影响因素，具体如下。

1. 地理环境和水文条件

独特的地理环境和水文条件是陂选址与发展的先决条件。陂类系统所在区域的自然地理环境一方面能够决定陂类系统可容纳的极限水量，另一方面陂类系统本身的建设目的以及其所需要的调蓄量可以指导陂类最合理的选址区域，即大致的所需的湖面空间、周边需利用的山体适宜的高度、距离用水地适宜的距离等。

季节性降水不均衡，极易导致丘陵地区雨季时洪灾泛滥、旱季时受旱。为了发展农业生产，就需要修筑堤坝形成库容蓄水，即陂。因此，古代陂类灌溉系统的发展，大型陂集中在黄淮、江淮的丘陵地区，西南、东南以及西北丘陵地区也有大量小型陂分布。

2. 防洪、灌溉、军事影响

灌溉和防洪是陂产生和兴起最主要的因素。古代农业生产需要大量的水源进行灌溉，陂类灌溉系统是丘陵地区解决用水水源最有效的方式之一。在一些特殊的历史时期，军事需要是陂建设的重要因素。如魏晋南北朝时期，为了配合军事屯田，这一时期两淮地区的陂建设速度快、数量多，兴修了大量的陂类水利工程。

3. 政权变更、社会经济发展和区域的气候变化

政权的更迭是决定陂兴废最重要的因素之一。历史上的政治动荡和战争破坏，大都发生在北方地区，而由于有长江作为天堑，长江以南的区域往往相对安定，因此在位于南北方争夺前线的长江以北的黄淮区域修建的陂，在历史的发展过程中屡遭战争破坏，而长江以南的陂工程则大多相对稳定，有的至今还发挥效用。

社会经济的繁荣程度直接决定陂类灌溉系统的发展程度。一些具有重要政治经济战略地位的地区，如两汉时的南阳地区、隋唐时的关

中地区、南朝时期的宁镇地区，陂类水利工程均发展迅速，社会的生产力也直接推动了陂类水利工程的技术进步。

区域的气候变化也间接影响了陂类灌溉系统的发展，中国古代历史上几次大的气候变化都直接对陂的兴废产生了影响。西晋时期气候的变化导致水旱频发，灾情极重，黄淮流域的陂类灌溉系统遭到了严重的影响。历史上朝代更迭不断，每逢改朝换代，必随之有战争。国家安定时，便有官吏主导陂建设，一旦战乱，则易被荒废。从历史上的数据来看，陂的建设往往能够带来良田面积的增多，编户数量增多，周边城邑的繁荣。所以，社会稳定是陂建设的重要前提，反之，陂的营建也能促进一地的兴盛。

## 4.2.3 陂类灌溉系统工程特性

为了更好地展示槎滩陂水利工程的工程特性，本节运用 AutoCAD、3DMax 和 Lumion 等软件对槎滩陂水利工程进行三维构筑，通过全景动态的三维动画对槎滩陂水利工程进行完整的展示。重点分析槎滩陂水利工程历史变迁过程及不同时期水工建筑物的工程特性，以及在历史变迁过程中槎滩陂水利工程的工程特性等。

### 4.2.3.1 建立三维模型

AutoCAD（Autodesk Computer Aided Design）是 Autodesk（欧特克）公司首次于 1982 年开发的自动计算机辅助设计软件，用于二维绘图、详细绘制、设计文档和基本三维设计，现已经成为国际上广为流行的绘图工具。3DMax（3D Studio Max）是 Discreet 公司开发的（后被 Autodesk 公司合并）基于 PC 系统的三维动画渲染和制作软件，广泛应用于广告、影视、工业设计、建筑设计、三维动画、多媒体制作、游戏、辅助教学以及工程可视化等领域。Lumion 是由荷兰 Act-3D 公司基于高端虚拟现实内核 Quest 3D 5 开发而成的简单、快速、高效的可视化建筑园林景观展示平台，用于为建筑、景观、园林、规划和设计等领域快速制作高级别影片和静帧作品，同时也可以完成现场演示工作。基于 AutoCAD 和 3DMax 的建筑物三维建模如图 4.2-7 所示。

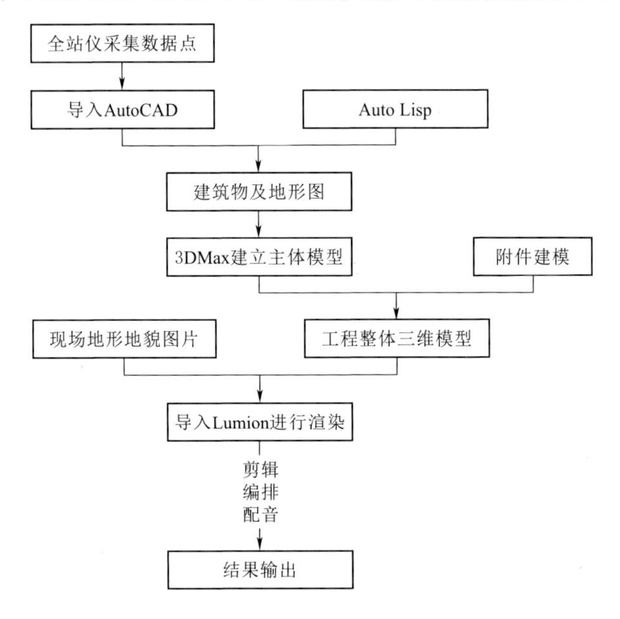


图 4.2-7　基于 AutoCAD 和 3DMax 的建筑物三维建模

1. 建模数据采集

建模采集的数据主要包括场地勘查、控制点布设、控制测量、建筑物特征点测量等。由于槎滩陂所处地四周树木茂盛，周围环境较复杂，为便于数据点采集，在使用全站仪时尽量选择便于安放仪器的地方，从而减少村庄房屋和周围树木的遮挡。槎滩陂水利工程不同时期主要建筑物及灌渠渠系数据用表 4.1-1 中整理的数据，采集中利用 Google 地图对槎滩陂水利工程进行定位——位于江西省泰和县禾市镇桥丰村委槎滩村畔（图 4.2-8），并在图中标注出了现状主坝、副坝位置。

2. 建筑物仿真

为更好地实现槎滩陂水利工程三维模型构建及周边环境逼真模拟，主要从以下三个方面实现建筑物结构仿真分析：一是对工程主体建筑物及附近地形地貌进行拍照记录（图 4.2-9 ～ 图 4.2-14），将全站仪和手持 GPS 得到的槎滩陂水利工程的现状测量数据导入至 AutoCAD

图 4.2-8　榿滩陂水利工程地理位置图

中，完成榿滩陂水利工程的现状平面图和各个建筑物平面图的绘制；二是根据查阅历史文献资料、收集不同时期榿滩陂水利工程的建筑物的尺寸数据，进行 AutoCAD 的平面图绘制；三是用 Google 地图对榿滩陂水利工程进行定位采集到的地形地貌图片导入到 3DMax 软件中，用多边形建模构建出榿滩陂水利工程现状完整的灌区平面模型。

图 4.2-9　榿滩陂简介示意牌

图 4.2-10　主坝筏道

图 4.2-11　副坝排沙闸

图 4.2-12　灌渠

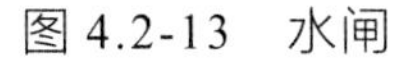

图 4.2-13 水闸

图 4.2-14 下游河道

### 4.2.3.2 仿真模型分析

槎滩陂不同历史时期的建筑物三维模型效果如图 4.2-15 ～ 图 4.2-18 所示，现根据槎滩陂历史沿革，对建立的三维模型进行分析。

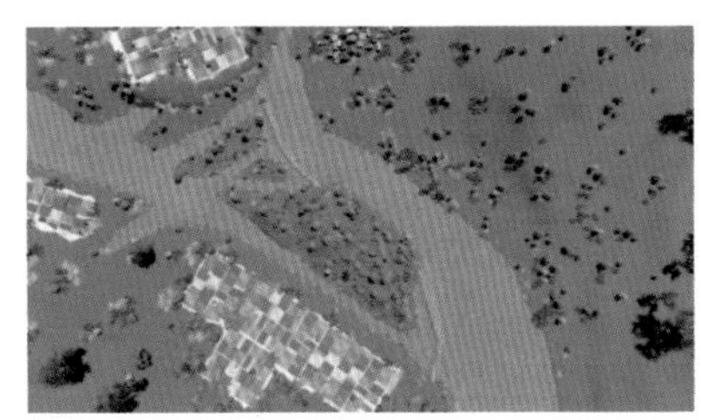

（a）工程布置图

（b）主坝结构图

（c）副坝结构图

图 4.2-15 南唐至宋、元时期槎滩陂建筑物三维模型

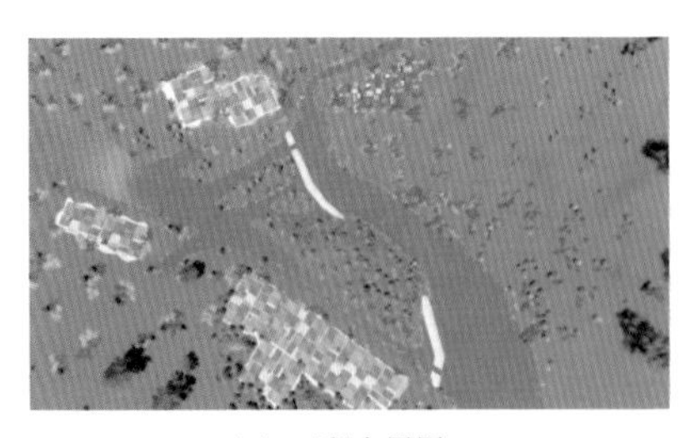

（a）工程布置图

（b）主坝结构图

图 4.2-16（一） 明、清至民国时期槎滩陂建筑物三维模型

（c）副坝结构图

图 4.2-16（二） 明、清至民国时期槎滩陂建筑物三维模型

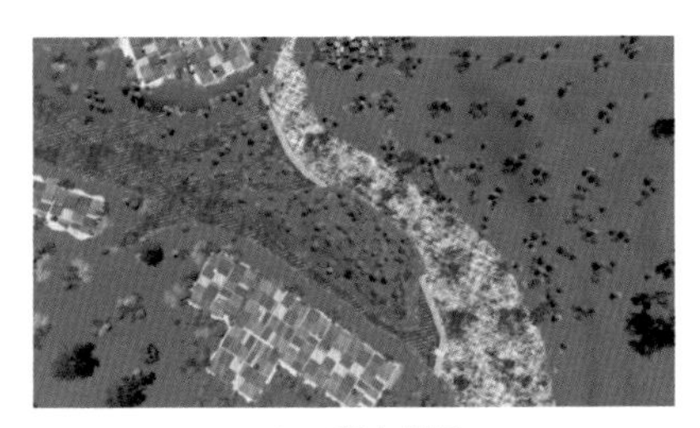

（a）工程布置图

（b）主坝结构图

（c）副坝结构图

图 4.2-17 中华人民共和国成立初期槎滩陂建筑物三维模型

从各时期槎滩陂水利工程演变来看，工程布置、坝体结构、灌溉面积等有了明显变化。从建筑物结构变化情况来看，南唐至宋、元时期，槎滩陂陂坝主要由木桩、竹条及土石构筑而成；明、清至民国时期，陂坝主要由条石构筑而成；中华人民共和国成立初期，陂坝为在原条石结构基础上加高、加固而成，主要由条石、混凝土构筑而成；经过多次加固、修缮，槎滩陂形成现有规模，陂坝主要由条石构成坝体，外包混凝土而成。

历朝历代，槎滩陂无论从工程布置、坝体结构、灌溉情况来看均发生了较大变化，但在整个灌溉系统工程特性上，该工程充分利用水

（a）工程布置图　（b）灌渠效果图

（c）主坝结构图　（d）副坝结构图

图 4.2-18　槎滩陂建筑物现状三维模型

文及地形特点布置工程设施的总体思想从未改变，使其既满足引水灌溉的需求，又延续河流原有的自然特性。从槎滩陂的引水灌溉来看，可以不用一处闸门通过自我调节将水分配到各级渠道直到田间，源于自然因地制宜的工程型式、就地取材的建筑材料，让大自然和水利工程融为一体，给我们完美地呈现出了自然与工程的完美结合。

### 4.2.3.3　工程技术分析

1. 水源来源类型

水源的选择一定程度上决定了陂类灌溉系统的选址，其核心问题为当地地形和降水情况是否足够支撑陂湖的存续？陂类系统除了纳蓄地面降雨径流之外，是否还需引蓄湖水、谷水、河水或其他陂类水库作为水源？从水源来源上看，陂类建设的方式不尽相同，有筑塘拦蓄天然河道形成蓄水库容的；有利用来水丰富的洼地，人工修筑长堤，把多条水源拦截起来，形成巨大库容的；有利用天然湖泊，作为上游水柜的等方式。槎滩陂的选址位于水源和用水的村落系统之间，可节省工程量，减少传输中的损耗，再通过供水塘渠和用水塘渠分别连接供水水源和用水的村落，构成连贯的水系统。

2. 选址思路与原则

依据陂类系统所需水源和需用水的区域可确定陂类系统的大致范围，依据自然条件中地形地貌、区域降水径流路径、季节性洪水水量等条件可选择适宜的陂类系统及其各个单元的位置，因地制宜地调节区域的水文肌理和自然径流。槎滩陂在选址中依托于稳定的河流和适宜山体地形，同时依调蓄量建立各渠系工程，在工程实践中充分发挥了地形地貌的自然特性，因地制宜建造了最适宜当地环境与用水需求的陂类灌溉系统。

### 4.2.4 陂类灌溉系统管理特性

从大量的文献资料分析可以看出，在古代，大量的陂类灌溉工程修建最主要的特性就是“民修”或“官督民修”，重要的采用“官民合修”等方式。因此，陂类灌溉工程管理模式主要体现为官方和百姓共同管理，以谁受益谁负责的形式作为管理主体。这也反映了涉及民众共同利益的地方事务的演变规律和发展模式，也折射出地方社会秩序以及国家权力控制的变化过程。

通过对历史时期江西泰和县槎滩陂水利系统管理体制演变历程的考察，发现槎滩陂的建设管理经历了一系列的变化，大致为：南唐至两宋时期的“周氏家族独修”、元代以来的“五姓乡族合修”、明清时期的“官督民修”与“民修官助”和民国时期的“官民合修”等类型。这种管理体制的演变，体现出槎滩陂水利系统由家族私有事务向地方公共事务转变的内在属性，而地方宗族力量变化和国家权力控制成为了其中的外在推力。具体如下[80]。

1. “周姓家族事务”：南唐至两宋时期

从现存的地方文献资料可知，槎滩陂最早修筑是由周矩独自出资发起和组织，是一种完全的“民修”水利工程。周矩在创建槎滩陂后，曾购买了林山和竹山，用山中所产桩木、春茶和竹条等收入作为每年的维修经费。北宋初，周矩次子周羡又增购了田地、鱼塘等，招当地佃户租种，将每年的租金收入作为修陂之费。周矩嗣孙周中和曾在《槎滩碉石二陂山田记》中对此进行了详细记载，康熙《西江志》和乾隆《泰和县志》对此也分别有所记载。根据记载，自后唐至北宋初，槎滩陂一直由周氏家族负责组织管理，各项维修和管理费用主要来源于陂产，官方和地方其他力量并未参与其中。周姓家族建立了一套比较完善的管理与维修制度，有专门家族人员进行管理和专门的经费来源，其实质为一种"家族独修"的管理。据记载，进入宋代以后，至淳化（990—994年）间，祖德重兴，一时昆弟皆滥列官爵，不遑家食。前之山地田塘，悉以属诸有业者理之。供赋赡陂，岁有常数，凶岁不至于不足，乐岁之羡馀则以偿事事者之劳。斯固谨始虞终图永久云。由于家族中众多成员先后考中科举并走上仕途，周氏家族对槎滩陂水利的管理开始发生变化，将赡陂田产交与各地"有业者"管理，于是作为一项家族事务的槎滩陂及其陂产的管理开始逐步变化。槎滩陂水利属性及其管理的变化，是与地方宗族的繁衍发展相呼应的。槎滩陂水利系统的修建，在很大程度上改善了当地的农业生产环境，原来的许多"高阜之田"变成了肥沃之地，促进了流域区内土地的开发。而土地的开发，则促进了当地宗族的发展。"螺溪，钜野沃饶而常稔者百万余顷，富民匝其原以处者，棋布星列。"槎滩陂由周矩创建后，在促进当地农业生产发展的同时，也促进了周姓家族的繁衍发展，成为当地的大姓宗族。特别是进入宋代后，人才辈出，周矩长子周翰在960—963年（宋太祖建隆年间）中进士，官至秘书郎史馆学士；次子周羡仕宋为银青光禄大夫，赠右仆射。周羡之四世孙周中和为宋仁宗年间进士，官至尚书郎。在990—994年（宋太宗淳化）、1023—1031年（宋仁宗天圣年间），周氏家族共有八人中科举走上仕途，成为显赫的"科举世家"。正是凭借这种显著的地位，周氏家族对槎滩陂水利进行着有效的管理。

2. "举周氏所有、四姓宗族共管"：元末时期

1341年（元至正元年），租种陂产的佃户罗存伏和罗存实兄弟霸

占赡陂田产，槎滩陂水利失去了赖以维护的固定经费来源，破坏了周氏宗族原来建立的稳定的管理与维修制度。为了收回被占陂产，周氏家族联合了流域区蒋、李、萧三姓宗族，诉之于官府，将陂产收回，并在官方的支持下制定了“五彩文约”。“五彩文约”的制定，标志着槎滩陂水利管理的重大变化，由过去的单一周氏家族管理演变为周、蒋、李、萧四姓宗族联合管理。它一方面规定了“轮流制”的管理准则，由四姓宗族成员担任陂长，每年轮流收取陂产租金收入；另一方面规定了槎滩陂水利为“周氏宗族所有，四姓乡族共管”的准则，将其所有权和管理权分离开来。这种演变，体现了当地蒋、李、萧三姓宗族的发展。由于五姓宗族人员和村落数量的增加，在加大对槎滩陂流域区土地开发的同时，对槎滩陂水利的参与意识也大大增强，主要体现为捐资维修槎滩陂和积极配合周氏收回被占陂产两方面。前者主要有：宋末元初胡氏宗族成员胡巨济和胡中济兄弟的捐资以及1341—1368年（元至正年间）李氏宗族成员李英叔的捐资事例；后者突出体现为1341年（元至正元年）“五彩文约”的制定，规定四姓宗族轮流担任陂长，确立了四姓宗族共同管理的体制。根据族谱记载，在四姓宗族成员向官府提起诉讼前，他们私下签订了一个合约，名为“兴复陂田文约”，其内容与“五彩文约”完全相同，反映了周氏宗族与蒋、李、萧三姓宗族相互妥协和协调的过程。最终周氏收回了被占陂产，而另三姓宗族则取得了管理权，槎滩陂水利事务形成“周氏所有、四姓宗族共管”的格局。从至正元年（1341年）制定的“兴复陂田文约”和“五彩文约”中还可以发现，当时官府所扮演的只是一种象征性的角色，并没有直接参与对其的管理，由此促成槎滩陂水利系统的“民管”性质。

3. “五姓宗族共有共管”：明清时期

随着时代的变迁，明清以来，“五彩文约”的上述两项准则逐步发生变化。明初，国家权力深入到地方社会的各个领域，政府加强了对包括农田水利在内的地方公共事务的直接管理。在此期间，槎滩陂作为泰和县最大的农田水利工程，自然受到官方的重视。据周氏族谱记载："1394 年（洪武二十七年），太祖高皇帝诏谕天下修筑陂塘。钦差监生范亲临期会，鞭石修砌坚固，自此赡用减费。宣德年间，时则有若钦差御史薛部临修筑。"槎滩陂水利在组织上发生了很大的变化，改变了过去那种由地方社会自行负责的方式，而由官吏出面组织兴修。但由于政府并无兴修水利的专款，因而只得取资于民，或来源于直接征派赋役，或来源于陂产收入，成为"官督民修"。进入明中期以后，槎滩陂水利维修管理出现了"按亩派费"，主要表现为在地方官员的组织或倡率下，由受益区内民众按照受益田亩进行摊派，如 1790 年（清乾隆五十五年）由当地民众"斗田派钱四十"。

两种管理的出现，反映出该时期槎滩陂水利系统的"民治"性质出现变化，国家权力开始参与其中。当国家权力处于强势，对地方社会进行直接控制时，相应地，槎滩陂事务也由其负责组织，即取代了地方社会力量的职能；而当国家权力处于弱势，难以对地方社会进行直接控制时，则将实际管辖权交给地方权力体，由其向国家负责。与此同时，明清槎滩陂水利系统的民间管理组织制度也发生了变化，元末"五彩文约"中规定的乡族联合管理得到延续和拓展，流域区胡姓宗族开始加入槎滩陂水利系统的管理，原来"四姓宗族合修制"演变为周、蒋、胡、李、萧"五姓宗族合修制"，"周氏所有四姓共管"也变为"五姓共有共管"。这种属性的改变，是胡姓宗族与蒋、李、萧姓宗族势力发展的结果。在此过程中，蒋、胡、李、萧四姓宗族在槎滩陂事务中的作用越来越明显，四姓宗族士绅成员不断捐资重修槎滩陂，现存文献确切记载的共有六次，其中明代五次、清代一次。内有两次规模较大，一次是 1495 年（明弘治八年），严庄村蒋子文、蒋吾敬等人捐资对槎滩陂进行了维修；一次是 1898 年（光绪二十四年），螺江村周敬五和义禾田村胡西京共同出资重修。四姓宗族成员的捐资，使得四姓宗族中出现了代表各自宗族意志指向的"李氏创建说""萧氏创建说"等记载，体现出四姓宗族对槎滩陂创建所有权的追求。这一时期，槎滩陂原有赡陂田产屡遭侵占直至丧失，期间发生了众多的纠纷，成为当地水利纠纷的主体，直至清道光年间“田产久已无考”，完全丧失。

4. “国家控制下的地方公共事务”：民国时期

民国以来，特别是“十年赣政”（1932—1942 年，指江西省国民政府主席熊式辉在江西主政的十年）期间，在江西省国民政府加强了对水利事业控制的背景下，槎滩陂水利的组织管理发生了一些变化，这在 1938 年的重修中得到突出体现。这次重修改变了过去单独由地方民众自行组织负责的传统，无论是具体组织还是费用支出等方面，政府力量都参与其中，形成了“官民合修”。首先，在县政府批准下，本次维修成立了专门负责槎滩陂维修事务的重修槎陂委员会，维修完工后成立了专门负责管理的槎、碉二陂管理委员会。在《重修槎陂委员会章程》中规定有“五、六两区区长为当然委员”，如果说这种规定只是代表国家力量象征性参与的话，那么由政府直接出资则是国家权力真正参与其中的表现了。这次重修，江西省水利局和泰和县政府共捐助 1500 元，约占总费用的 1/3。在当时的严峻形势下，这体现了官方的重视与控制程度。此外，地方组织在征工等方面都呈报官方批准备案，由政府组织管理。其次，明清以来形成的地方管理组织得到了延续，但是在具体内容方面有了很大变化。如在重修槎陂委员会的委员中，除了传统的五姓人员外，还包括流域区康、乐、梁、龙等姓氏人员；维修经费除了政府捐助外，由受益区民众按“每田一斗收捐铜元十枚”进行摊派，并且还有非受益区民众、商人和军人等的捐资（上述三种类型约各占 1/3）；维修盈余款项不再是仅存于五姓宗祠，而增加了康、龙等姓宗族。所有这些都表明，在国家权力的干预下，这一时期槎滩陂水利系统的“公共事务”性质进一步传承并有所延伸，水利管理已突破了“五彩文约”中规定的周、蒋、胡、李、萧五姓宗族负责的传统管理模式，以前那种由五姓宗族轮流组织维修的已经消失，取而代之的是多姓共同组织。

由此可见，自南唐至民国的上千年发展历程中，槎滩陂水利系统由创建初的“家族独修”转为“乡族合修”，并逐渐由完全的“民修”转为“官督民修”和“官民合修”等。在此过程中，槎滩陂水利完成了由家族事务向地方公共事务的演变，反映了涉及民众共同利益的地方事务的演变规律和发展模式，也折射出地方社会秩序以及国家权力控制的变化过程。

中华人民共和国成立后，为进一步完善槎滩陂水利工程，更加充分积极地发挥其灌溉功能，江西省人民政府大量地投入人力、物力，对槎滩陂进行了多次的维修加固，并明确规定槎滩陂水利工程由泰和县水务局槎滩陂水管会负责保护、管理、维护。在经历了数次维修加固后，槎滩陂仍在原有的位置上保持着最初的工程形式和布局，且保存完整，整个工程除在陂坝表层和渠道底面增设混凝土保护层，并对高陂坝进行加固加高，对筏道、排沙闸干渠进行了维修之外，其他工程设施、布局和功能等均保存较好，至今仍持续发挥着引水、灌溉、通航、发电等综合功能。

进入现代，槎滩陂水利工程的灌溉和供水作用日益凸显，农田灌溉面积由最初的 0.9 万亩增加到现在的近 5 万亩，灌溉惠及泰和、吉安两县的禾市、螺溪、石山、永阳 4 个乡镇农田，进一步提高了地区农作物的产量和人民的生活水平，促进了区域社会的经济发展。

## 4.3 槎滩陂工程价值

### 4.3.1 设计的科学性和合理性

通过资料的整理，发现槎滩陂水利工程位于典型的河谷平原地区，所在的牛吼江水流湍急。因此筑坝选址和设计方案都是非常重要的。

（1）为确保所选地质具有足够地基承载力，在早期尚未掌握地基处理技术时，槎滩陂水利工程在建设中巧妙利用了当地地形地貌，一是为避免致使陂坝免遭冲毁，陂址所在地河流宽阔，水流流速缓慢，水流的河床基岩质地坚硬，抗冲性能好；二是上游山区森林茂密，植被完好，堰坝泥沙淤积少，所以河渠疏浚，无需“深淘滩”。

（2）为保持充足的水源，保证自流引水和排水流，工程建设负责人周矩在千年以前的治水过程中已经开始采用了测量技术，经过多年的谋划和实地考察丈量科学选址，一是将陂筑属赣江水系禾水支流的牛吼江上游的槎滩村畔，众多河流交汇处，通过筑陂引水的方式，将水引来灌溉；二是为使主河道水资源得以充分利用，且防止大水时淹没农田，还在陂下游约 3.50km 处伐石筑减水小陂——碉石陂，在约 30 丈又于近地处凿渠 36 支，实行分支灌溉，两陂一个主蓄，一个主疏，上下呼应，功能互补，利于农业生产。

可见，槎滩陂水利工程向世人演绎了科学的工程运用与生态保护完美融合，主坝、副坝、附属建筑和灌溉渠系工程构成了一个完整、科学、充满美感的水利工程体系，通过合理布局、巧妙构思，将这个水利工程体系置于美丽的大自然中，渠系顺着河水蜿蜒曲折，主体工程与附属工程相互配合、相互依托。这充分体现了槎滩陂水利工程筑坝选址和设计方案的科学性和合理性。

### 4.3.2 建设的独特性和适应性

槎滩陂水利工程在修建的初始就很注重因地制宜，在建筑材料的选取、施工工艺和技术有独到之处，在历次的重建和修复中也特别注重顺应自然地势和根据不同的水资源情况作出相应的调整，使得工程能不断地适应当地环境，达到“人水和谐”，从而延绵千年并不断地完善和壮大。

（1）槎滩陂水利工程在建筑材料、施工工艺和技术上都展现了其独特性。

工程建造所用建筑材料均为就地取材，早期采用木桩、竹条和土石修筑，明洪武年间到民国时期采用石头结构。在施工工艺和技术上，槎滩陂水利工程始建能找到早期竹笼装卵石截流施工工艺和施工技术的影子，在修筑过程中先将木桩击入河床后，以长竹条为骨架，再填充石块、黏土等形成陂坝。明洪武年间，坝身整体结构全部采用条石堆砌，在充分考虑受力情况下，将条石砌筑丁顺错缝有序，并通过条石上刻痕的方式防滑，通过原始的建筑材料、行之有效的施工工艺，使工程安全、环保且生态。

（2）槎滩陂水利工程在修筑过程中，巧妙地保存了河流本身和流域的原始生态。

在创建时通过对个别河段实施拓展以至裁弯取直，巧妙地顺应自然地势和水流规律，实现引流灌溉。在此后的多次修缮中，为满足引水、防洪和通航的需求，充分利用河流水文以及地形特点布置工程设施，在没有改变河流特征的条件下，通过一些工程设施实现了灌溉水合理分配到田间，满足居民生活用水。

此外，槎滩陂修筑时充分利用槎滩陂两岸的木山和石山作为工程的主要材料，不仅节省了人力和物力，而且天然的工程材料以另一种方式与自然保持着和谐统一，使得槎滩陂水利工程成为名副其实的“亲自然工程”。这些智慧的创造，都源自对人与自然关系的深刻认识，不管是工程形式，还是建造材料，都反映出槎滩陂水利工程追求人与自然和谐统一的水利建设理念。

（3）槎滩陂水利工程在修筑过程中，因地制宜地修建使得工程具备更强的生命力。

由于水资源条件的变迁，历史时期也相继出现了丰水期和枯水期，为适应水资源的变化，槎滩陂水利工程也根据历史发展规律及时作出了相应的调整，先后多次进行了修缮。1952 年，新开南干渠、拓宽原有渠道、并对坝体进行加高加固；1965 年，增设倒虹吸管、隧洞、渡槽、分水闸、铁水闸等，现在枢纽工程由拦河坝主坝、副坝、筏道、排砂闸、引水渠、防洪堤、总进水闸组成。这充分体现了槎滩陂水利工程具有良好的适应性。

### 4.3.3 管理的合理性和延续性

槎滩陂水利工程自修建以来，其管理一直依赖于各宗族的合作来使用与维护，它也逐渐发展成联系地方社会的纽带，其与时俱进的管理体制合理性主要体现在以下两个方面：

（1）隶属关系明确。规定槎滩碉石二陂为两乡九都之公陂，不得专利于周氏。槎滩陂从两宋时期由周姓家族单独“家族式”负责组织维修与管理；发展至元朝的由周、蒋、胡、李、萧五姓“乡族式”轮流管理；到明演变为“官督民办”和“民办官助”形式；至民国时期，为“官民合办”的形式负责组织维修与管理。

（2）管理制度科学。成立了由陂长负责，各有业大户轮流管理的管理机构。周矩及其后裔对槎滩陂的以人为本的管理体制无疑具有先进性和前瞻性，他们的成功经验是宝贵的财富，其与时俱进的先进管理体制是槎滩陂水利工程使用千年，至今还灌溉农田近 5 万亩的重要保证。

# 第5章

# 总结与展望

## 5.1 主要成果和结论

中华民族是个古老的农耕民族，自古以来积累了丰富的关于水的历史认识。近年来，我国就古代水利工程的文化传承做了大量的工作。习近平总书记多次就古代水利工程作出重要指示，他在考察黄河流域时指出："要深入挖掘黄河文化蕴含的时代价值，讲好'黄河故事'，延续历史文脉，坚定文化自信，为实现中华民族伟大复兴的中国梦凝聚精神力量。"总书记对建设大运河文化带作出重要指示："大运河是祖先留给我们的宝贵遗产，是流动的文化，要统筹保护好、传承好、利用好。"在2021年7月19日，国家发展改革委牵头会同相关部门编制的《大运河文化保护传承利用"十四五"实施方案》，从此可以看出在国家层面上十分重视古代水利工程的保护、传承。鄱阳湖流域自古以来就是重要的粮食生产基地，修建了众多具有代表性的水利工程。时至今日，仍有部分古代水利工程在运行数百年甚至千年后依然焕发蓬勃生机，如：列入世界灌溉遗产的泰和槎滩陂和抚州千金陂，以及素有“千年不涝”的赣州福寿沟等，这些在用古代水利工程的工程规划、建筑形式、施工技术与管理理念值得我们仔细地研究、多层面地认识，以更科学、有效、发展的模式应用在当代生态水利工程事业中。因此，通过加强古代水利工程价值挖掘，可以进一步加强古代水利工程系统保护，增强文化遗产传承活力，为现代水利工程的科学设计提供借鉴和参考。

本书在对鄱阳湖流域古代在用水利工程全面梳理分析的基础上，进一步剖析出原生态自流灌溉工程和河流渠系灌溉工程的运行原理和科学机制，深入挖掘典型在用古代水利工程的历史、科技、文化等价值，为推动系统保护、继承和发扬古代水利工程的科学价值之精华、优秀古代水文化创造性转化和创新性发展提供了技术支撑和科学依据，对推动水利学科的发展具有重大的意义，对进一步充实水利学科的理论体系和建设具有江西特色的水利学科具有重要的发展意义。

本书综合运用文献研究法、实地调研法、比较分析法等对鄱阳湖流域的在用古代水利工程的设计、建设、管理进行了深入的研究，其主要研究内容和成果如下：

（1）对江西省在用古代水利工程进行了全面的梳理整编，总结了江西省古代常见的两种水利灌溉系统工程，即原生态自流灌溉系统工程和河流渠道灌溉系统工程。

（2）以崇义上堡梯田灌溉工程为原生态自流灌溉工程的典型，针对梯田的起源与演变、梯田传统农耕体系、梯田自流灌溉系统、区域森林土壤涵养水源功能等方面进行了系统研究，并与云南哈尼梯田、湖南紫鹊界梯田进行了对比分析。

（3）以泰和槎滩陂水利工程为河流渠道人工灌溉工程的典型，结合工程的地质地貌和水文水资源等情况，研究分析其不同时期的工程布置、工程结构、渠系的演变及其运行管理机制等，构筑全景动态三维模型，完整展示了槎滩陂水利工程的历史变迁的过程及不同时期水工建筑物的工程特性，以及在历史变迁的过程中槎滩陂水利工程的功能、环境、自然形态形貌的演变规律等。

（4）深入挖掘古代水利工程的工程价值和科学意义，总结出鄱阳湖流域在用古代水利工程对当今现代生态水利设计、建设、管理的启示。

## 5.2 主要创新点

本书针对鄱阳湖流域在用古代水利工程的类型及特点、在用古代水利工程原生态自流灌溉工程技术和河流渠系人工灌溉工程技术、现代生态水利工程建设启示等内容展开深入研究。历经 6 年系统研究与工程应用，取得了江西省在用古代水利工程设计、建设和管理技术的研究成果，推动了江西省在用古代水利工程世界灌溉遗产保护、全球重要农业文化遗产的申报，有利于江西省在用古代水利工程科学、经济和历史文化价值的有效开发和利用。

（1）基于江西省在用古代水利工程研究起步晚，在大量实地踏勘和数据调查统计基础上，对江西省 19000 余处古代水利工程进行了全面梳理，为江西省古代水利工程研究提供了有力的数据支撑；从建设类型、使用功能等方面解析了江西省在用古代水利工程特点，开创了江西省在用古代水利工程研究新局面，填补了江西省在用古代水利工程研究的空白。

（2）从科技的角度剖析了原生态自流灌溉工程技术；首次采用室内外试验检测了典型工程代表上堡梯田的土壤物理性质、持水能力和渗透性能，为准确分析土壤水源涵养能力提供了理论依据；对比分析了上堡梯田与其他省份类似古代梯田在灌溉系统、土壤涵养水分功能、维护管理方面的异同，为挖掘原生态自流灌溉工程技术提供了技术支持。

（3）首次引入二维和三维模拟软件，还原了代表性陂类灌溉古代水利工程泰和县槎滩陂不同时期的水工建筑物布置、工程结构及管理特性，为深入了解河流渠系人工灌溉工程提供了有效的方法和手段；总结了陂类灌溉古代水利工程蕴含的工程设计、建设和管理，可为现代生态水利工程设计、建设和管理提供参考。该技术成果为泰和县槎滩陂水利工程列入世界灌溉工程遗产名录起到重要作用，后续将带来巨大的经济和社会效益。

（4）创新提出了具有江西特色的古代水利工程设计、建设和管理技术。该技术成果为江西现代水利工程的发展提供了理论支撑，促进了古代水文化学科的发展，有助于进一步提升文化自信，打造江西特色的文化品牌，为现代水利工程发展指明了方向，为提升水利现代治理能力提供智力支撑。

## 5.3 展望

本书主要对江西省两种常见的古代灌溉工程技术进行了研究，研究的开展迈出了江西省在用古代水利工程研究工作的重要一步，也开创了江西省在用古代水利工程研究工作的新局面。为进一步夯实在用古代水利工程的数据整编工作及做好在用古代水利工程的研究保护工作，可以从以下几方面进一步深入开展研究：

（1）构建江西省在用古代水利工程数据库，开发江西省在用古代水利工程信息管理系统。

如今，现代水利工程基本已实现数据资料整编录入和信息化管理，大大方便了工作人员日常运行管理和数据查询工作。在江西省水文化建设工作过程中，做好古代水利工程的信息化管理和保护也是一项必要的工作。因此，后续可做对全江西省在用古代水利工程开展系统的资料梳理工作，通过分门别类，建立档案，构建包含工程类别、工程名称、工程图片、地理位置、历史事件、历史人物、管理单位、保存现状等基础信息的数据库，在此基础上建立江西省在用古代水利工程信息管理系统，以实现江西省在用古代水利工程的查询、管理和使用。

（2）建立水利工程综合价值量化途径，制定在用古代水利工程的价值评价指标体系。

制定在用古代水利工程的价值评价指标体系，建立在用古代水利工程综合价值的量化评估体系，可进一步提升古代水利工程历史、科学、艺术、社会和使用等多重价值。当前研究工作中对古代水利工程价值的认识普遍停留在定性评价，并未建立专门的价值评估指标体系和量化研究工作。通过对评价指标的量化和分析计算，能够对古代水利工程的综合价值进行量化评估，从而对工程价值进行排序，可根据价值大小划分为重点保护对象和一般保护对象，作为工程进行分级和分类保护的依据。此外，要让政府部门和公众真正了解古代水利工程的重要程度，开展古代水利工程综合价值的量化工作也是有必要的。

（3）构建水利遗产数字博物馆，继承和发扬优秀传统水文化。

博物馆数字化有利于文化的快速传播和信息交流，也是保持和延续文化遗产的最佳手段。博物馆数字化具有直观性，通过网络可以查阅各件藏品的数据、图片、描述、视频影像、三维模拟展示等详细信息，还可通过 3D 动态过程强化感性体验，弥补了传统展览形式的单一性。数字博物馆还能提升传播率和无形资产的收藏，减少藏品实物的流通次数，降低损耗，减少失窃风险，同时借助数字化的加工和资源共享，使学术研究更广泛、更深入。

# 参　考　文　献


［1］（德）约阿希姆·拉德卡．自然与权力：世界环境史［M］．王国豫，付天海，译．保定：河北大学出版社，2004.

［2］邓俊，王英华．古代水利工程与水利遗产现状调查［J］．中国文化遗产，2011（6）：21–28，6.

［3］李放．江西古代水利史概略［J］．南方文物，1990（4）：39–43 .

［4］王根泉，魏佐国．江西古代农田水利刍议［J］．农业考古，1992（3）：176–181 .

［5］王文君．槎滩陂成功入选世界灌溉工程遗产名录［OL］.https://jiangxi.jxnews.com.cn/system/2016/11/09/015365925 .shtml .2016-11-19.

［6］陈桃金，刘维，赖格英，等．江西崇义上堡梯田的起源与演变研究［J］．江西科学，2017，35(2)：213–218，257.

［7］韩高峰，黄仪荣．城市安全视角下排水系统建设的探讨——基于福寿沟的启示［J］．现代城市研究，2013，（12）：72–76,85.

［8］张翊华．朱熹与紫阳堤［J］．江西历史文物，1985（2）：106–101.

［9］杜璟瑛．江永故居：探访婺源江湾的一代积学宿儒［OL］.http://rufodao.qq.com/a/20140123/012409.htm .2014-1-23.

［10］焦双娜．鄱阳湖区历代防洪方略研究［D］．武汉：华中师范大学，2013.

［11］周魁一．中国古代水利的发展进程及其特点［OL］．https：//wenku.baidu.com/view/9f85b0b383d049649b6658cf.html.

［12］王丁正，丁思超．浅论我国古代水利工程及当代启示［J］．农家参谋，2020（14）：233–238.

［13］张宇辉．《水经注》与山西古代水利工程［J］．山西水利，2001（3）：44–45.

［14］龙仕平．从《说文·水部》看我国古代水利之兴替［J］．江西科技师范学院学报，2006（1）：103–106.

［15］邬婷．民国时期陕西农田水利研究［D］．西安：陕西师范大学，2017.

［16］ 沈德富 . 清代贵州农田水利研究［D］. 昆明：云南大学，2012.

［17］ 岳云霄 . 民国时期陕西农田水利研究［D］. 上海：复旦大学，2013.

［18］ 郭超 . 古代驻马店地区的水利工程建设［J］. 天中学刊，2014，29（1）：110–113.

［19］ 王晞月 . 中国古代陂塘系统及其与城市的关系研究［D］. 北京：北京林业大学，2019.

［20］ 李孝聪，刘啸 . 论我国古代陂塘水利工程堙废的原因［J］. 中国农史，1986（3）：26–37.

［21］ 林文忠 . 浅谈木兰陂水利工程保护与利用［J］. 水利科技，2013（4）：21–22.

［22］ 陈彬 . 古代水利工程的现状与保护——以莆田市木兰陂为例［J］. 水利水电工程，2015，5（18）：1–2.

［23］ 谢三桃，王国汉，吴若静，等 . 安丰塘水利文化遗产的保护与利用策略［J］. 水利规划与设计，2015（9）：11–14，67.

［24］ 吴志标 . 从通济堰看古代水利工程的保护与利用［J］. 中国文物科学研究，2009（1）：33–35.

［25］ 谢振玲 . 论尼罗河对古代埃及经济的影响［J］. 农业考古，2010（1）：107–110.

［26］ BUTZER K W. Early hydraulic civilization in Egypt:a study in cultural ecology［M］.Chicago: University of Chicago Press,Prehistoric archeologyand ecology (USA)，1976.

［27］ BARD K A. Encyclopedia of the archaeology of ancient Egypt［M］. Routledge，2005.

［28］ 黄明辉 . 古代埃及农业水利灌溉探析［J］. 史志学刊，2015（3）：23–26.

［29］ 李玉香 . 古代埃及的水利灌溉［D］. 长春：吉林大学，2007.

［30］《中国水利史稿》编写组 . 中国水利史稿：上册［M］. 北京：水利电力出版社，1979.

［31］《中国水利史稿》编写组 . 中国水利史稿：中册［M］. 北京：水利电力出版社，1987.

［32］《中国水利史稿》编写组 . 中国水利史稿：下册［M］. 北京：水利电力出版

社，1987.

［33］周魁一．中国科学技术史：水利卷［M］．北京：科学出版社，2002.

［34］熊达成，郭涛．中国水利科学技术史概论［M］．成都：成都科技大学出版社，1989.

［35］周魁一，谭徐明．中华文化通志 第七典 科学技术：水利与交通志［M］．上海：上海人民出版社，1998.

［36］袁波．STS 视角下的中国古代水利技术［D］．长沙：国防科技大学，2006.

［37］王双怀．中国古代灌溉工程的营造法式［J］．陕西师范大学学报（哲学社会科学版），2012，41（4）：41–47.

［38］张芳．中国古代的灌溉技术［J］．古今农业，1991（1）：50–54.

［39］常全旺．清代豫西地区农田水利建设及其管理［D］．西安：陕西师范大学，2011.

［40］董晓萍．解决水利纠纷与民间水渠管理的技术活动——晋南旱作山区使用古代水利碑的三个例子及其近现代节水管理技术和现代水费管理［J］．河北广播电视大学学报，2013，18（5）：1–16.

［41］郭华．历史时期关中地区用水制度研究［D］．西安：陕西师范大学，2008.

［42］陈方舟，谭徐明，李云鹏，等．丽水通济堰灌区水利管理体系的演进与启示［J］．中国水利水电科学研究院学报，2016，14（4）：260–266.

［43］时德青，孔玲．中国古代水利法规研究［J］．水利发展研究，2008（7）：65–69.

［44］张博．北宋农田水利法规研究［D］．郑州：郑州大学，2010.

［45］周魁一．我国古代水利法规初探［J］．水利学报，1988（5）：26–36.

［46］程茂森．古代引泾灌溉水利法规初探［J］．人民黄河，1991（3）：69–71.

［47］万金红．渠长与古代基层灌溉水利管理［J］．中国水文化，2017（5）：55–56.

［48］张卫东，赵英霞．我国一些尚在利用的古代水利工程简介［J］．中国水利，2006（10）：58–60.

［49］朱琳．造福千秋万代的古代水利工程［J］．农村·农业·农民（A 版），2016（5）：59–60.

［50］浙江水网．中国古代重大的水利工程举要［J］．浙江水利水电学院学报，

2016，28（5）：79.

［51］ 金永堂 . 都江堰灌区工程［M］. 北京：水利电力出版社，1988.

［52］ 四川省水利电力厅 . 都江堰史研究［M］. 成都：四川省社会科学出版社出版，1987.

［53］ 曾威，顾超，李腾飞 . 都江堰的技术特点与发展分析［J］. 现代商贸工业，2012，24（19）：174–175.

［54］ 赵浩，王立端 . 论都江堰水利工程设计理念在现代景观设计中的运用［J］. 生态经济，2014，30（9）：188–190.

［55］ 刘宁 . 从都江堰持续利用看水利工程科学管理［J］. 中国水利，2004（19）：30–31，41.

［56］ 魏璟 . 灵渠枢纽工程浅析［J］. 广西水利水电科技，1986（3）：9–15.

［57］ 向黎 . 灵河、海洋河水文概况与灵渠调水功能［J］. 广西水利水电科技，1986（3）：25–36.

［58］ 汤全明，周坚龙，梁军贤 . 灵渠大小天平泄流能力试验研究［J］. 红水河，1998（11）：71–75.

［59］ 汤全明 . 灵渠枢纽水流状况试验研究［J］. 红水河，1999（2）：9–15.

［60］ 刁树广 . 灵渠水利工程技术探索［J］. 红水河，2014，33（1）：47–51.

［61］ 杨贝贝，阿不都沙拉木 · 加拉力丁，阿依格林 · 乌兰 . 古代坎儿井暗渠坡度几何原理与测量方法探析［J］. 新疆师范大学学报（自然科学版），2018，37（2）：17–23.

［62］ 杨贝贝，阿不都沙拉木 · 加拉力丁，马桂，等 . 吐鲁番市坎儿井空间分布格局的影响因子探析［J］.中国农村水利水电，2017（12）：198–203，208.

［63］ 郭承，徐岗 . 它山堰及洪水湾枢纽水力特性研究［R］. 宁海：浙江省海曙区农业农村局，2018.

［64］ 王一鸣，陈勇 . 古水利工程它山堰堰体结构浅析［J］. 浙江水利科技，1996（4）：58–60.

［65］ 李敏婷 . 槎滩陂水利工程保护和开发利用研究［J］. 中国市场，2020（1）：38–39.

［66］ 廖艳彬，田野 . 泰和县槎滩陂水利文化遗产价值及其保护开发［J］. 南昌工程学院学报，2016，35（5）：5–10.

[67] 黄细嘉，李凉 . 江西泰和槎滩陂水利工程遗产价值研究 [ J ]. 南方文物，2017 ( 2 ): 261–265.

[68] 邱云 . 江南“都江堰”千年槎滩陂 [ J ]. 中国农村水利水电，2015 ( 12 ): 28–29.

[69] 张昊翔 . 赣州福寿沟的旅游开发与理念传承 [ J ]. 当代旅游 ( 高尔夫旅行 )，2018 ( 12 ): 28.

[70] 刘毅 . 赣州“福寿沟”保护及利用规划研究 [ J ]. 中国建筑金属结构，2013 ( 22 ): 215.

[71] 胡振鹏 . 人与自然顽强抗争的史诗——临川千金陂 [ J ]. 江西水利科技，2019，45 ( 2 ): 130–136.

[72] 黄国勤 . 江西崇义上堡梯田系统的特征、价值与保护 [ J ]. 古今农业，2019 ( 4 ): 81–93.

[73] 陈玮 . 以梯田为主题的水利风景区规划 [ D ]. 南昌：南昌工程学院，2018.

[74] 马艳芹，钱晨晨，孙丹平，等 . 崇义上堡梯田传统农耕知识、技术调查与研究 [ J ]. 中国农学通报，2017，33 ( 8 ): 154–160.

[75] 胡振鹏，肖龙 . 千年古陂为何久盛不衰 [ J ]. 江西水利科技，2019，45 ( 8 ): 59–63.

[76] 何太轩 . 槎滩陂千年不败的秘密 [ N ]. 人民长江报，2015-09-19(004) .

[77] 廖艳彬 . 传统地方水利系统的公共属性及其管理变迁——以江西泰和县槎滩陂为中心 [ J ]. 社会科学研究，2013 ( 6 ): 177–179.

[78] 孙捷，廖艳彬 . 传统基层水利设施管理的近代化——以槎滩陂水利工程为例 [ J ]. 江西社会科学，2009 ( 12 ): 115–118.

[79] 沈雪婧 . 赣州福寿沟设计研究 [ D ]. 赣州：赣南师范学院，2013.

[80] 韩振飞 . 宋代排水工程“福寿沟”的营造 [ N ]. 中国社会科学报，2011-12-01 ( 8 ) .

[81] 方修琦，牟神州 . 中国古代人与自然环境关系思想透视 [ J ]. 人文地理，2005 ( 4 ): 110–113.

[82] 朱乃诚 . 中国新石器时代早期文化遗存的新发现和新思考 [ J ]. 东南文化，1999 ( 3 ): 3–5.

[83] ( 春秋 ) 管仲 · 管子 [ M ] .扬州：广陵书社，2009.

［84］梁方仲．中国历代户口、田地、田赋统计［M］．北京：中华书局，2008.

［85］高汝东．汉代救灾思想研究［D］．济南：山东大学，2005.

［86］乐史．太平寰宇记［M］．北京：中华书局，2008.

［87］（宋）范成大．骖鸾录［M］．上海：商务印书馆，1936.

［88］姚云峰，王礼先．我国梯田的形成与发展［J］．中国水土保持，1991（6）：54–56.

［89］李明娟，廖富强，温鹏辉，等．客家梯田景观空间格局分析——以江西崇义县上堡梯田为例 [C/OL]//2016 第二届能源、环境与地球科学国际会议论文集．上海：Science Publishing Group，2016.(http://www.sciencepg.com).

［90］杨波，闵庆文，刘春香．江西崇义客家梯田系统［M］．北京：中国农业出版社，2017.

［91］王龙，宋维峰，杨寿荣，等．广西龙脊梯田区森林枯落物水文效应研究［J］．水土保持研究，2011，18（6）：84-88.

［92］RICHARD L，GRANILLO A B. Soil protection by natural vegetation on clearcut forest land in Arkansas［J］.Journal of Soil and Wate Conservation，1985，40（4）：379–382.

［93］时忠杰，王彦辉，徐丽红，等．六盘山主要森林类型枯落物的水文功能［J］．北京林业大学学报，2009，31（1）：91–99.

［94］中国科学院南京土壤研究所．土壤理化分析［M］．上海：上海科学技术出版社，1978.

［95］中国科学院南京土壤研究所物理研究室．土壤物理性质测定法［M］．北京：科学出版社，1978.

［96］王艳红，宋维峰，李财金．不同竹林地土壤水分入渗研究［J］．水土保持研究，2009，16（2）：165–168.

［97］刘勇．中国历史上最早使用的明渠流量计——云南红河哈尼族木刻分水计量制度的研究［J］．红河探索，2012（4）：47–49.

［98］王梅，角媛梅，刘志林，等．哈尼梯田灌溉水源的分水木刻管理体系研究——以元阳县垭口大沟为例［J］．中国农村水利水电，2017（3）：198–203.

［99］闵庆文，曹智，袁正．哈尼稻作梯田系统——一种典型的农业生态文明模式［J］．中国乡镇企业，2013（9）：87–90.

[100] 高云霞，朱秋菊 . 元阳哈尼族梯田文化与生态文明建设 [J] . 西南林业大学学报 ( 社会科学 )，2017，1 ( 3 ): 21–24.

[101] 李陈贞 . 紫鹊界梯田景观保护与利用研究 [D] . 长沙：湖南农业大学，2010.

[102] 甘德欣，龙岳林，黄璜，等 . 山地梯田景观的灾害防御机制与效益分析：以紫鹊界梯田为例 [J] .自然灾害学报，2006，15 ( 6 ): 6–8.

[103] 胡最，刘沛林，邓运员，等 . 紫鹊界稻作梯田的传统文化特征研究 [J] . 资源开发与市场，2016，32 ( 1 ): 1466–1470.

[104] 白艳莹，闵庆文，左志锋 . 湖南新化紫鹊界梯田 [M] . 北京：中国农业出版社，2017.

[105] 孙浩，刘晓勇，何齐发，等 . 修河上游流域 4 种森林类型的水源涵养功能评价 [J] . 水土保持研究，2017，24 ( 4 ): 337–341.

[106] 宋维峰，吴锦奎，等 . 哈尼梯田：历史现状、生态环境、持续发展 [J]. 北京：科学出版社，2016.

[107] 段兴凤，宋维峰，曾洵，等 . 湖南紫鹊界梯田区森林土壤涵养水源功能初步研究 [J] . 水土保持研究，2011，18 ( 1 ): 157–160.